普通高等教育“十二五”规划教材

（第二版）

戴竹青　主　编
张志军
李定龙　副主编

中国石化出版社

内 容 提 要

本书由实验室基本知识、化学分析实验、仪器分析实验和附录4个部分组成。其中化学分析实验14个，仪器分析实验19个，涵盖了地表水、工业废水、自来水等不同水质的测定，既包括了酸碱滴定、络合滴定、沉淀滴定和氧化还原滴定的内容，又涉及了紫外线分光光谱、原子吸收光谱、色谱等多种仪器分析测定，使学生具有多种水分析化学实验技能。

本书内容翔实具体，具有很强的可操作性，可作为环境工程、环境科学、给水排水工程等专业本科生的水分析化学实验教材，也可作为分析工作者的参考书。

图书在版编目(CIP)数据

水分析化学实验/戴竹青主编．—2版．—北京：中国石化出版社,2013.7(2025.7重印)
普通高等教育“十二五”规划教材
ISBN 978-7-5114-2213-2

Ⅰ.水… Ⅱ.戴… Ⅲ.水质分析-分析化学-化学实验-高等学校-教材 Ⅳ.①O661.1-33

中国版本图书馆CIP数据核字(2013)第139634号

中国石化出版社出版发行

地址：北京市东城区安定门外大街58号
邮编：100011 电话：(010)57512500
发行部电话：(010)57512575
http://www.sinopec-press.com
E-mail：press@sinopec.com
北京科信印刷有限公司印刷
全国各地新华书店经销

*

787毫米×1092毫米 16开本 8.25印张 197千字
2013年7月第2版 2025年7月第2次印刷
定价：20.00元

第一版 前言

水分析化学是一门实践性很强的科学。实验教学在水分析化学教学中是居重要地位的环节。为了配合水分析化学教学，编写了面向环境工程、环境科学、给水排水工程专业的《水分析化学实验》教材。

《水分析化学实验》由实验室基本知识、化学分析实验、仪器分析实验和附录4个部分组成。其中化学分析实验13个，仪器分析实验18个，共31个实验。这些实验可供教师与学生根据实际需要选择使用。

在实验室基本知识一章，介绍了实验室安全知识、实验数据的表达等内容，并对学生实验提出了较详细的要求。

在化学分析实验部分，涉及了地表水、工业废水、自来水等不同水质的测定，又涵盖了酸碱滴定、络合滴定、沉淀滴定和氧化还原滴定，即培养了学生的实验能力，又使学生加深了对水分析化学基础理论的理解。

在仪器分析实验部分，除涉及了不同水质测定外，针对目前水分析化学在仪器测试领域的发展，涵盖了酸度计、可见分光光谱、紫外分光光谱、原子吸收光谱、气相色谱、高效液相色谱等仪器分析测定，使学生掌握水分析化学实验中常规仪器酸度计、分光光度计的使用，同时对原子吸收光谱、气相色谱、高效液相色谱等大型仪器有一定了解。

附录中，对实验中涉及的容量分析的基本操作技术、仪器操作步骤进行了介绍。

为便于学习预习，培养学生的动手能力与自学能力，在实验内容的编排上，将部分试剂的配制也纳入实验内容中，作为实验内容的一部分。

在本教材编写过程中，力求使实验课教学逐渐摆脱过去完全对理论课的依附，能力相对独立。在每一实验中，增加前言部分，先扼要地介绍本实验相关的背景知识，使学生即使未上理论课也可以顺利地进行实验，掌握分析方法。其次，注重培养学生分析问题和解决问题的能力，在教材中安排了三个层次的实验，即基本实验、综合性实验和设计性实验。基本实验是理论验证性实验。综合性实验是涉及不同知识点，反映化学理论应用的实际样品分析实验。设计性实验是学生在完成教学要求的基本实验的基础上，在教师指导下，通过查阅文献资料，独立地拟定实际样品的分析方法和实验步骤，完成实验并写出报告。

限于编者水平，书中缺点、错误在所难免，恳请读者批评指正。

第二版 前言

本书第一版自2008年出版以来，历经5年教学工作的检验，得到了读者的首肯。通过本书的学习，在理论与实践紧密相结合的过程中，学生可以从理论上、实践上掌握各类水分析化学实验技术的使用方法，并且做到举一反三。第二版针对在教材使用过程中学生实验操作容易出现的问题，以及教学改革的要求，对原书进行了修订。在教学工作实践经验的基础上，进行改动的内容有：

强调了实验前预习应该阅读并理解的内容，告诉学生每个实验要掌握的新的知识点；

对部分实验试剂的称取量，进行减量化处理，使得既能满足实验要求，又减少了实验废液的产生；

增加了设计性实验的比例，新增了"校园湖水生化需氧量的测定、水中石油类的测定"2个设计性实验，以训练学生自主实验的能力，强化学生实际工作的能力。

在本书修订过程中，同事王密华老师提出了宝贵意见，在此表示衷心感谢。

本书虽经一再校阅，但由于编者水平有限，书中不足之处在所难免，恳请广大专家和各位读者不吝提出批评和建议，编者谨致谢意。

目　录

第一章　实验室基本知识

1　实验室安全要求

实验室安全包括人身安全及实验室、仪器、设备的安全。水分析化学实验室主要应预防化学药品中毒，操作过程中的烫伤、割伤、腐蚀和燃气、高压气体、高压电源、易燃易爆化学品可能产生的火灾、爆炸及漏水等事故。

（1）实验室内禁止吸烟、进食或喝饮料，一切化学药品禁止入口，实验结束后要洗手。水、电、煤气等使用完毕后应立即关闭。

（2）加热或进行激烈反应时，人不得离开。

（3）取用 KCN、$HgCl_2$等剧毒品时要特别小心，用过的废物、废液不可乱扔、乱倒，要按指定方法回收或加以处理。接触过化学药品应立即洗手。

（4）闻气味时应用手小心地把气体或烟雾扇向你的鼻子。开启瓶盖时，绝不可将瓶口对着自己或他人的面部。夏季开启瓶盖时，最好先用冷水冷却。取用浓酸、浓碱及其他具有强烈腐蚀性的试剂时，操作要小心，应将浓酸注入水中，而不得将水注入浓酸中，防止溅伤和腐蚀皮肤、衣物等。如不慎溅出，应立即处理。不慎溅到皮肤甚至眼睛时，应立即用大量水冲洗，至少持续冲洗 15min；然后用 5% 碳酸氢钠溶液冲洗酸腐蚀处，或用 5% 硼酸溶液冲洗碱腐蚀处，最后再用水冲洗。严重时，应立即送医院诊治。溅到实验台上或地面上时要用水稀释后擦掉。

（5）自瓶中取用试剂后，应立即盖好试剂瓶盖。决不可将取出的试剂或试液倒回原试剂或试液储存瓶内。妥善处理无用的或玷污的试剂，固体弃于废物缸内，无环境污染液体用大量水冲入下水道。

（6）取用汞时，应避免泼洒在实验台或地面上，使用后的汞应收集在专用的回收容器中，切不可倒入下水道或污物箱内。万一发生少量汞洒落，应尽量收集干净，然后在可能洒落的地方撒一些硫黄粉，最后清扫干净，并集中作固体废物处理。

（7）取用乙醚、丙酮、苯、三氯甲烷、四氯化碳等有机溶剂时，要远离火焰和热源，用后盖紧瓶塞，置阴凉处存放。低沸点、低熔点的有机溶剂不得在明火或电炉上直接加热，而应在水浴或电热套中加热。

（8）应在通风橱中使用有毒或有强烈腐蚀性的气体或易挥发液体。下列实验应在通风橱内进行：制备或反应产生具有刺激性的、恶臭的或有毒的气体，如 H_2S、NO_2、Cl_2、CO、SO_2、Br_2、HF 等时；加热或蒸发 HCl、HNO_3，H_2SO_4 或 H_3PO_4 等溶液时；溶解或消化试样时。

（9）浓热的高氯酸遇到有机物易发生爆炸，所以，需用高氯酸处理有机物时，应先用硝酸加热消解，破坏有机物后再加入高氯酸使之分解完全。常使用高氯酸的实验室通风橱或排气管道中易积聚高氯酸盐，遇到有机物会发生作用，有引起燃烧或爆炸的可能，应注意定期清洗通风橱或排气管道。

（10）水、电、煤气使用完毕应立即关闭开关。离开实验室时应仔细检查水、电、煤气的开关是否已关闭妥当。尤其遇到暂时停水停电时，应及时关闭各开关，以免恢复供水供电时发生事故。

(11) 实验过程中意外着火燃烧，应保持沉着，根据起火原因及时采取措施。如立即关掉电源、气源，转移可燃、易燃物质等。酒精及其他可溶于水的液体着火时，可用水灭火；汽油、乙醚等有机溶剂着火时，用沙土(此时绝不能用水)灭火；导线或电器着火时，不能用水或 CO_2 灭火器，而应首先切断电源，用 CCl_4 灭火器灭火。并根据火情决定是否要报告消防部门。

(12) 实验室应保持室内整齐、干净。禁止将毛刷、抹布、碎纸、碎玻璃片等扔入水槽，以免造成下水道堵塞。

(13) 使用电器设备时，应特别细心，切不可用湿的手去开启电闸和电器开关。凡是漏电的仪器不要使用，以免触电。

(14) 使用精密仪器时，应严格遵守操作规程，仪器使用完毕后，将仪器各部分旋钮恢复到原来的位置，关闭电源，拔去插头。

(15) 发生事故时，要保持冷静，采取应急措施，防止事故扩大，如切断电源、气源等，并报告教师。

2 水分析化学实验基本要求

通过本课程的学习，可以加深对水分析化学基础理论的理解，正确和较熟练地掌握水分析化学实验的基本知识。通过相关的水分析化学实验，可加深对有关水分析化学方法基本原理的理解，掌握实验的基本知识和技能，如一般水分析化学测试的步骤、常见基准物质的使用、常规滴定方法和指示剂的应用、常规分析仪器的操作等；学会正确地使用分析仪器；合理地选择实验条件，正确处理数据和表达实验结果，具有一定的观察、分析、解决问题的独立实验室工作能力。培养实事求是的科学态度和认真细致的工作作风，为学习后续课程和日后参加工作打下良好的基础。

为了达到上述目的，要求做到：

2.1 认真预习

实验前要认真预习实验教材，并复习与实验有关的理论。通过预习，明确实验目的，领会实验原理，了解实验步骤和注意事项，做到心中有数。实验前先写好实验报告要求的部分内容，设计好表格，以便实验时及时、准确地进行记录。

水分析所用的仪器一般较昂贵，同一实验室不可能购置多套同类仪器，水分析化学实验通常都采用大循环方式组织教学。因此，学生在实验前必须做好预习工作，仔细阅读实验教材，了解分析方法和分析仪器工作的基本原理、仪器主要部件的功能、操作程序和应注意的事项。

2.2 做好实验

学会正确使用仪器。要在教师指导下熟悉和使用仪器，勤学好问，未经教师允许不得随意开动或关闭仪器，更不得随意旋转仪器旋钮、改变仪器工作参数等。详细了解仪器的性能，防止损坏仪器或发生安全事故。应始终保持实验室的整洁和安静。

在实验过程中，要认真地学习有关分析方法的基本技术。遵守操作规程，不要为了“方便”、“省事”而不按规范进行操作。学会选择最佳实验条件；实验中不要匆忙赶进度，要善于思考，要学习运用有关的理论解释实验中的问题，如有疑惑，可与指导教师讨论或写入实验报告中。勤于动手，培养良好的实验习惯和科学作风。

要细心观察实验现象和仔细记录实验条件和分析测试的原始数据。实验原始数据应该记录在实验报告中原始记录部分，绝不允许将数据记在实验指导书上，或记在小纸片上，或随意记在任何地方，实验原始数据应该是实验中第一手数据，而不是抄写几次后的数据，因为抄写过程中可能出现错误。

实验过程中的各种测量数据及有关现象，应及时、准确而清楚地记录下来。记录实验数据时，要有严谨的科学态度，要实事求是，切忌夹杂主观因素，绝不能随意拼凑和伪造数据。

实验过程中涉及的各种特殊仪器的型号和标准溶液的浓度等，也应及时准确地记录下来。

记录实验数据时，应注意其有效数字的位数：用分析天平称量时，要求记录至0.0001g；滴定管及移液管的读数，应记录至0.01mL；用分光光度计测量溶液的吸光度时，如吸光度在0.6以下，读数应记录至0.001，大于0.6时，则要求读数记录至0.01。

实验中的每一个数据都是测量结果，所以重复测量时，即使数据完全相同，也应记录下来。

要爱护实验的仪器设备。实验中如发现仪器工作不正常，应及时报告教师处理。每次实验结束，应将所用仪器复原，清洗好用过的器皿，整理好实验室。要保持实验桌和整个实验室的整洁，严格遵守实验室工作规则。

2.3　写好实验报告

实验报告要求整洁、条理清晰、简明扼要。

实验报告包括两个部分：预习报告和正式报告。

预习报告进入实验室前应该写好。预习报告包括以下内容：

(1) 实验名称、操作者姓名、学号、同组者、实验日期；

(2) 实验目的、实验原理、主要试剂、仪器名称及型号；

(3) 实验内容、原始记录表格；

(4) 对设计性实验，要求实验前写出完整的实验方案。

正式报告在实验完成后书写，应简明扼要，图表清晰。内容包括：

(1) 实验记录　包括原始数据表格、滴定记录、吸光度记录、电位记录以及实验中出现的各种现象。

(2) 结果和讨论　包括实验数据处理和计算，实验结果和结论，本次实验不足之处、收获或建议。

(3) 思考题。

学生实验课成绩的评定，包括以下几种因素：①预习报告；②实验态度；③实验基本操作；④实验结果(准确度和精密度)；⑤实验报告的书写；⑥对实验结果的讨论；⑦思考题。

3　有关水的标准与标准方法

标准化和标准的实施是现代社会的重要标志。所谓标准化，按国际标准化组织(ISO)的定义是："为了所有有关方面的利益，特别是为了促进最佳的全面经济效果，并适当考虑产品使用条件与安全要求，在所有有关方面的协作下，进行有秩序的特定活动，制定并实施各项规则的过程"。而标准则是"经公认的权威机构批准的一项特定标准化工作成果"，它通常以一项文件，并规定一整套必须满足的条件或基本单位来表示。有关水的标准是标准中的一类，它为了保护人群健康、防治环境污染、促使生态良性循环，同时又合理利用资源，促进经济发展。

有关水的标准有：质量标准、排放标准和方法标准等。

有关水环境质量标准有：地表水环境质量标准（GB 3838—2002）；海水水质标准（GB 3097—1997）；生活饮用水卫生标准（GB 5749—2006）；渔业水质标准（GB 11607—89）；农田灌溉水质标准（GB 5084—2005）等。

有关水排放标准有：污水综合排放标准（GB 8978—1996），《医疗机构水污染物排放标准》（GB 18466—2005）和一批工业水污染物排放标准，如《制浆造纸工业水污染物排放标准》（GB3544—2008），海洋石油勘探开发污染物排放浓度限值（GB 4914—2012），《纺织染整工业水污染物排放标准》（GB 4287—2012）等。

根据技术、经济及社会发展情况，标准通常几年修订一次。但每一标准的标准号通常是不变的，仅改变发布年份，新标准自然代替老标准。例如，GB 8978—1996 代替 GB 8978—88。环境质量标准和排放标准，一般多配套测定方法标准，便于执行。

方法标准又称标准方法，涉及诸多方面，如采样、样品的保存和运输、样品分析、数据的处理和报告等，标准分析方法是其中最重要的一个环节。使用标准方法的目的在于保证分析结果的准确度和精密度。

方法标准，是由权威机构对某分析项目所做的统一的操作技术规定，是按照规定的程序和格式编写的文件，它必须满足以下条件。

（1）规定的程序编制；

（2）规定的格式编写；

（3）方法的成熟性得到公认；

（4）通过协作试验，确定了方法的误差范围；

（5）由权威机构审批和发布。

分析方法按其权限和使用范围一般可分为国际级、国家级、行业（或协会）级以及公司（地方）级等。在我国，定为国家标准、行业（部）标准和企业标准 3 个级别。

编制和推行标准分析方法的目的是为了保证分析结果的重复性、再现性和准确性，不但要求同一实验室的分析人员分析同一样品的结果要一致，而且要求不同实验室的分析人员分析同一样品的结果也要一致。

目前，标准的发展趋向于国际间相互统一，以便于比较。国际标准化组织（ISO）专门成立了 TC－147 和 TC－148 两个技术委员会，制定了名词术语、采样方法、大气和水质测量与报告等各种标准。许多工业发达国家较早地开展了建立标准方法的研究，如《水和废水标准检验方法》（美国公共卫生协会等）、《水和废水化学分析方法》（美国环境保护局）、《JIS 手册（公害篇）》（日本标准协会）、《天然水和污水的分析方法》（前苏联）等。我国的环境保护部门从 1979 年起着手编写环境监测分析方法，于 1980 年出版了《环境监测分析方法（试行）》。

标准是标准化活动的结果，标准化工作是一项具有高度政策性、经济性、技术性和连续性的工作，开展这项工作必须建立严密的组织机构，见图 3－1 和图 3－2。

由于有些机构所从事工作的特殊性，要求它们的职能和权限必须受到标准化条例的约束。

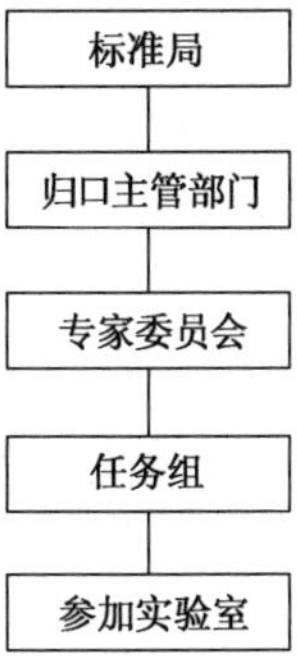

图 3－1　国外标准化组织机构

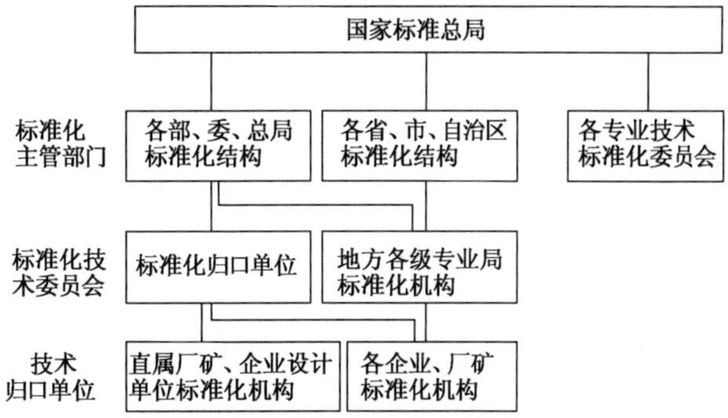

图 3－2　中国标准化工作的组织管理系统图

本书的实验中，有部分实验项目参考了相应的标准方法(见表 3－1)，同学在作实验时可查阅相关标准，作为参考。

表 3－1　部分标准方法编号与目录

序号	标准编号	标准名称
1	HJ/T 346—2007	水质　硝酸盐氮的测定　紫外分光光度法(试行)
2	HJ/T 345—2007	水质　铁的测定 邻菲啰啉分光光度法(试行)
3	HJ/T 344—2007	水质　锰的测定 甲醛肟分光光度法(试行)
4	GB/T 11914—1989	水质　化学需氧量的测定 重铬酸盐法
5	GB/T 11905—1989	水质　钙和镁的测定 原子吸收分光光度法
6	HJ/T 60—2000	水质　硫化物的测定 碘量法
7	GB/T 11903—1989	水质　色度的测定
8	GB 11896—1989	水质　氯化物的测定 硝酸银滴定法
9	GB 11892—1989	水质　高锰酸盐指数的测定
10	GB 11889—1989	水质　苯胺类化合物的测定 *N*－(1－萘基)乙二胺偶氮分光光度法
11	GB/T 7493—1987	水质　亚硝酸盐氮的测定 分光光度法
12	GB/T 7492—1987	水质　六六六、滴滴涕的测定 气相色谱法
13	GB/T 7489—1987	水质　溶解氧的测定 碘量法
14	GB/T 7484—1987	水质　氟化物的测定 离子选择电极法
15	GB/T 7481—1987	水质　铵的测定 水杨酸分光光度法
16	GB/T 7477—1987	水质　钙和镁总量的测定 EDTA 滴定法
17	GB/T 6920—1986	水质　pH 值的测定 玻璃电极法

4　实验数据处理与结果表达

4.1　准确度与精密度

为了衡量分析结果的质量，我们通常用准确度和精密度进行评价。

准确度是指测定结果与真实值接近的程度。分析方法的准确度由系统误差和随机误差决定的。可用绝对误差或相对误差表示。误差越小，准确度越高。但在实际水处理和分析实践中，通常以“回收率”表示方法的准确度。

$$回收率 = \frac{加标水样测定值 - 水样测定值}{加标量} \times 100\%$$

式中 加标水样测定值——水样中加入已知量的标准物后按分析流程测定值，mg 或 mg/L；

水样测定值——水样直接按分析流程测定值，mg 或 mg/L；

加标量——加入标准物质的量，mg 或 mg/L。

回收率用百分数表示，回收率越大，方法的准确度越高。

一般情况下，真实值是不知道的。在消除系统误差的情况下，多次测定结果的平均值，就认为它接近真值。因此，通常把测定值(X_i)与平均值($\bar{X}$)之差称做绝对偏差(用 d 表示)，或用平均偏差($\bar{d}$)即偏差绝对值的平均值表示。

相对偏差：绝对偏差(d)在平均值($\bar{X}$)中所占的百分数。则相对偏差 $d(\%)$：

$$d(\%) = \frac{d}{\bar{X}} \times 100$$

相对平均偏差：平均偏差($\bar{d}$)在平均值($\bar{X}$)中所占的百分数。

$$\bar{d}(\%) = \frac{\bar{d}}{\bar{X}} \times 100$$

精密度是指各次测定结果互相接近的程度。分析方法的精密度是由随机误差决定的。由于平均偏差或相对平均偏差取了绝对值($|d_i|$)，因而都是正值，所以偏差越小，精密度越高，否则相反。

在分析化学中，有时用平行性、重复性和再现性表示不同情况下分析结果的精密度。

平行性(replicability)：指两个或多个平行样测定结果的符合程度。

重复性(repeatability)：表示同一分析人员在同一分析条件下所得分析结果的精密度。

再现性(reproducibility)：表示不同分析人员或不同实验室之间在各自条件下所得分析结果的精密度。

用数理统计方法处理数据时，在研究报告中，常用相对标准偏差来反映一组平行测定数据的精密度。

相对标准偏差：标准偏差(S)在平均值($\bar{X}$)中所占的百分数。又称变异系数，用 $CV(\%)$表示。

$$CV(\%) = \frac{S}{\bar{X}} \times 100$$

$$S = \sqrt{\frac{\sum_{i=1}^{n}(X_i - \bar{X})^2}{n-1}} = \sqrt{\frac{\sum_{i=1}^{n} d_i^2}{n-1}}$$

式中 CV——变异系数，百分率表示；

S——有限测定次数时标准偏差；

X_i——水样测定值，($i=1, 2, \cdots n$)；

$\bar{X}$——水样测定结果的平均值；

n——水样测定次数；

$(n-1)$——自由度，$(n-1)$指独立偏差的个数；

d_i——测定值与平均值之差。

如前所述，准确度是由系统误差和随机误差决定的，所以要获得很高的准确度，则必须有很高的精密度。而精密度是由随机误差决定的，与系统误差无关，因此，分析结果的精密度很高，并不等于准确度也很高。因为即使有系统误差存在，并不妨碍结果的精密度。两者的关系可由打靶图例说明之(见图4－1)。

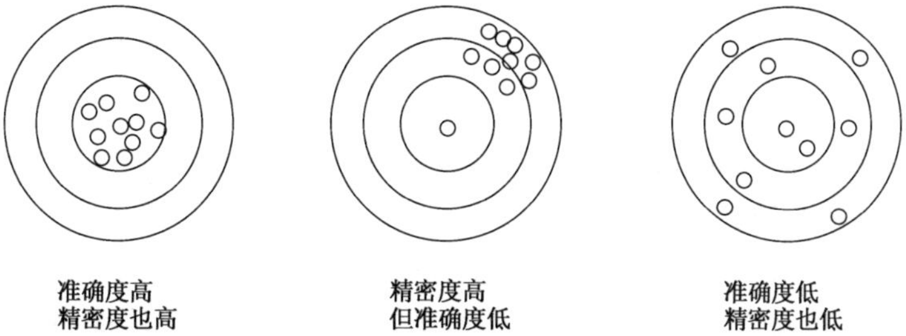

图4－1 以打靶为例说明准确度与精密度关系

为了提高分析方法的准确度和精密度，必须减少或消除系统误差和随机误差。在水样分析测定时主要应做到：

(1) 减少系统误差。

① 校准仪器 对滴定管、容量瓶、移液管、砝码以及精密分析仪表定期进行校正。

② 做空白试验 在进行水质分析时，需要以蒸馏水代替水样，按与分析水样相同的操作步骤和条件进行测定，求得空白值；然后从水样测定值中扣除空白值。

③ 做对照试验 水样与标准物质按同一分析方法对照进行分析，或同一水样，进行不同人员、不同单位之间分析对照。

④ 对分析结果校正 如测定水样中的Cu，先用电重量方法测定电极上析出的Cu(令为A)，然后用比色法测定残留在水溶液中未被电解的Cu(令为B)，则$A+B$之和就是水样中的铜。

(2) 增加测定次数。同一水样，多做几次取平均值，可减少随机误差。测定次数越多，平均值越接近真值。一般，要求平行测定2～4次。

(3) 减少测量误差。在重量分析和滴定分析中，分析天平的称量误差为0.0002g，滴定管读数误差为0.01mL，相对误差均要求小于0.1%。

(4) 选择合适的分析方法。对常量组分易采用重量分析法和滴定分析法。灵敏度虽不高，但准确度较高。微量组分易采用仪器分析方法，允许有较大的相对误差，但灵敏度较高。

水分析化学实验中，得到一组数据后，一般对单次测定的一组结果z_1、z_2、…、z_i，计算出算术平均值后，应再用单次测量结果的标准偏差、相对标准偏差(即变异系数)表示出来。结果的含量大于1%小于10%时，用3位有效数字表示；含量大于10%，则用4位有效数字表示。

4.2 检出限与灵敏度

一个好的分析方法应该具有良好的检测能力，易获得可靠的测定结果，有广泛的适用性。此外，操作方法应尽可能简便。检测能力用检出限表征。分析方法的检出限是指能以适当的置信水平(通常取置信水平99.7%)检测出被测组分的最低浓度或最小质量。检出限D由最低检测信号值与空白噪声计算，最低检出浓度和最小检出质量的单位分别为μg/mL、 ng/mL 和 μg、ng、pg 表示。

$$D = \frac{X_L - \bar{X}_b}{S} = \frac{3s_b}{S}$$

式中 X_L——可被检测的最小分析信号值；

$\bar{X}_b$——空白进行多次测量所得空白信号平均值；

s_b——空白信号的标准偏差；

S——低浓度区标准曲线的斜率，它表示被测组分浓度改变一个单位时分析信号的变化程度，即分析方法的灵敏度。

在仪器分析中，分析方法的灵敏度直接依赖于检测器的灵敏度与仪器的放大倍数。随着灵敏度的提高，噪声也随之增大，而信噪比(S/N)和分析方法的检测能力不一定会改善和提高。如果只给出灵敏度，而不给出获得此灵敏度的仪器条件，则各分析方法之间的检测能力没有可比性。由于灵敏度没有考虑到测量噪声的影响，因此，现在已不用灵敏度而推荐用检出限来表征分析方法的检测能力。

4.3 回归分析与相关性

在仪器分析中，绝大多数情况下都是相对测量，需用标准曲线进行定量分析，由于测量误差不可避免，所有的数据点都处在同一条直线上是不多见的。特别是测量误差较大时，用简单的方法很难绘出合理的标准曲线。这种情况下以数学方程表示法来描述自变量与因变量之间的关系较为妥当。

标准曲线是依据标准系列的浓度(或含量)和相应的响应信号测量值来绘制的。由于存在着随机误差，即单次测量值(x 或 y)与 n 次测量平均值(x 或 y)存在着平均偏差 a。根据最小二乘法原理，研究因变量与自变量之间关系的方法称为回归分析。如果只有一个自变量，称为一元线性回归分析法。

设浓度分别为 x_1，x_2，…，x_i，…，x_n 的标准系列，其响应信号的测量值为 y_1，y_2，…，y_i，…，y_n。如果各点对某一直线的偏差平方和 $\sum d^2$ 为最小或为零，则该直线即为最佳一元回归直线。根据这一原理，设一元线性方程

$$y = bx + a$$

求解式一元回归线性方程，得

$$b = \frac{\sum_{i=1}^{n}(x_i - \bar{x})(y_1 - \bar{y})}{\sum_{i=1}^{n}(x_i - \bar{x})^2}$$

$$a = \bar{y} - b\bar{x}$$

其中 $\bar{x} = \sum_{i=1}^{n}(x_i/n)$，$\bar{y} = \sum_{i=1}^{n}(y_i/n)$。

当 $x = 0$ 时，$y = a$；

当 $x = \bar{x}$，$y = \bar{y}$。

过$(0, a)$和$(\bar{x}, \bar{y})$两点在 x 浓度范围内作直线，此直线就是给定的数据组(x_i, y_j)所确定的一条最佳标准曲线。

判断此标准曲线线性关系是否成立，具有实际意义，可用相关系数 r 来检验，r 是表征

变量之间相关程度的一个统计参数。

$$r=\pm\frac{\sum_{i=1}^{n}(x_i-\bar{x})(y_i-\bar{y})}{\left[\sum_{i=1}^{n}(x_i-\bar{x})^2\sum_{i=1}^{n}(y_i-\bar{y})^2\right]^{1/2}}$$

r 值在 $(+1)\sim(-1)$ 之间，当 $|r|=1$ 时，y 与 z 之间存在着严格的线性关系，所有 y 值都在一条直线上；当 $r=0$ 时，y 与 z 之间不存在线性关系；当 $0<|r|<1$ 时，y 与 z 之间有一定的线性关系。$|r|$ 越接近 1，y 与 x 的相关性越好。

4.4　空白实验与空白实验值

空白实验又称空白测定，指除用水代替样品外，其他所加试剂和操作步骤均与样品测定完全相同的操作过程。空白实验应与样品测定同时进行。

空白实验所得的结果称为空白实验值。由于样品分析的响应值（如吸光度、峰高等），通常不仅是样品中待测物质的响应值，还包括其他所有因素（如试剂中的杂质，器皿、环境及操作过程中的玷污等）的响应值。影响空白值大小的各种因素经常变化，为了解这些因素的综合影响，在分析样品的同时，每次均应作空白实验。

影响空白值大小的一个重要因素是实验用水。实验用水应符合要求，其中待测物质的浓度应低于所用方法的检出限。否则将增大空白实验值及其标准偏差而影响实验结果的精密度和准确度。

5　实验室用水的制备与检验

在水分析化学实验中，根据任务及要求的不同，对水的纯度要求也不同。对于一般的分析工作，采用蒸馏水或去离子水即可，而对于超纯物质分析，则要求纯度较高的“高纯水”。

由于在空气中二氧化碳可溶于水中，故纯水的 pH 值常小于 7.0，一般约为 5.0～6.0。

制备纯水的方法不同，带来的杂质情况也不同。采用铜蒸馏器制备的水，显然会有少量或微量的铜离子；玻璃蒸馏器制备的水，则常含有钠离子、硅酸根离子等；离子交换法或电渗析法制备的水，常含有少量的微生物和某些有机物等。

5.1　纯水的制备方法

（1）蒸馏法　目前使用的蒸馏器有玻璃、铜、石英、不锈钢等。蒸馏法只能除去水中非挥发性的杂质，溶解在水中的气体杂质并不能完全除去。蒸馏法的设备成本低，操作简单，但消耗能量大。为节约能源和减少污染，可采用离子交换法、电渗析法等方法制备。

（2）离子交换法　用离子交换法制备的纯水称为去离子水。目前多采用阴、阳离子交换树脂的混合床装置来制备，此方法的优点是制备的水量大、成本低、除去离子的能力强；缺点是设备及操作较复杂，不能除去非电解质（如有机物）杂质，而且尚有微量树脂溶在水中。

（3）电渗析法　是在离子交换技术的基础上发展起来的一种方法。它是在外电场的作用下，利用阴、阳离子交换膜对溶液小离子的选择性透过而使溶液中的溶质和溶剂分离，从而达到净化水的目的。此方法除去杂质的效率较低，适用于要求不很高的分析工作。

5.2　纯水的检验

纯水的检验有物理方法（如测定水的电导率）和化学方法两类。现将检验纯水的主要项目介绍如下。

（1）电导率　水的电导率越低，表示水中的离子越少，水的纯度越高。25℃时，电导率为0.1～5.0μS/cm 的水称为纯水，电导率小于0.1μS/cm 的水称为高纯水。高纯水应储存在石英或聚乙烯塑料容器中。

（2）pH 值　用酸度计测定与大气相平衡的纯水的 pH 值，一般应为6.0左右。采用简易化学方法检定时，取两支试管，在其中各加水10mL，于甲试管中滴加0.2%甲基红溶液（变色范围 pH＝4.4～6.2）2滴，不得显红色，于乙试管中滴加0.2%溴百里酚蓝溶液（变色范围 pH＝7.6～9.6）5滴，不得显蓝色。

（3）硅酸盐　取30mL 待测水于一小烧杯中，加入1＋3硝酸5mL、5%钼酸铵溶液5mL 室温下放置5min 后，加入10%亚硫酸钠溶液5mL，观察是否出现蓝色。如呈现蓝色，则水不合格。

（4）氯化物　取20mL 待测水于试管中，用1＋3 HNO_3 1滴酸化，加入0.1mol/L $AgNO_3$ 溶液1～2滴，如有白色乳状物，则水不合格。

（5）硫酸根　取2～3mL 待测水于试管中，加入2mol/L 盐酸溶液2～3滴酸化，再加入0.1%氯化钡溶液1滴，放置15h，如有沉淀析出，则水不合格。

（6）钙离子　取2～3mL 待测水于试管中，加入6mol/L 氨水溶液数滴使呈碱性，再加入饱和草酸铵溶液2滴，放置12h 后，如有沉淀析出，则水不合格。

（7）镁离子　取2～3mL 待测水于试管中，加0.1%鞑靼黄1滴及6mol/L 氢氧化钠溶液数滴，如有淡红色出现，即有镁离子，则水不合格；如呈橙色则合格。

（8）铵离子　取2～3mL 待测水，加1～2滴纳氏试剂，如呈黄色则有铵离子，则水不合格。

（9）游离二氧化碳　取100mL 待测水注入锥形瓶中，加3～4滴0.1%酚酞溶液，如呈淡红色，表示无游离二氧化碳；如为无色，可加0.1000mol/L 氢氧化钠溶液至淡红色，1min 内不消失，即为终点。算出游离二氧化碳的含量。注意，氢氧化钠溶液用量不能超过0.1mL。

5.3　特殊用水的制备方法

（1）无氨水　向水中加入硫酸至 pH＜2，使水中的氨或胺都转变成不挥发的盐类，收集馏出液。

（2）无二氧化碳蒸馏水　将蒸馏水或去离子水煮沸10min 或使水量蒸发10%以上加盖冷却；也可将惰性气体（如纯氮）通入去离子水或蒸馏水中。

（3）无氯蒸馏水　加入亚硫酸钠等还原剂将自来水中的余氯还原为氯离子，用附有缓冲球的全玻璃蒸馏水器进行蒸馏。

（4）无酚水　加入氢氧化钠至水的 pH 值大于11（可同时加入少量高锰酸钾溶液使水呈紫红色），使水中酚生成不挥发的酚钠后进行蒸馏制得；或用活性炭吸附法制取。

（5）不含砷的水　通常使用的普通蒸馏水或去离子水基本不含砷，对所用蒸馏器、树脂管和储水容器要求不得使用软质玻璃（钠钙玻璃）制品，进行痕量砷测定时则应使用石英蒸馏器或聚乙烯树脂管及储水容器制备和盛储不含砷的蒸馏水。

（6）无铅（重金属）的水　用氢型强酸性阳离子交换树脂制备不含铅（重金属）的水，储水容器应做无铅预处理后方可使用（将储水容器用6mol/L 硝酸浸洗后用无铅水充分洗净）。

（7）不含有机物的水　将碱性高锰酸钾溶液加入水中再蒸馏，在再蒸馏的过程中应始终保持水中高锰酸钾的紫红色不得消退，否则应及时补加高锰酸钾。

第二章 化学分析实验

实验 1 玻璃仪器的使用与洗涤

1.1 前 言

实验室中大量使用玻璃仪器，是因为玻璃具有一系列可贵的性质，它有很高的化学稳定性、热稳定性，有很好的透明度、有一定的机械强度和良好的绝缘性能。玻璃原料来源方便，并可以用多种方法按需要制成各种不同形状的产品。用于制作玻璃仪器的玻璃称为“仪器玻璃”，用改变玻璃化学组成的方法可以制出适应各种不同要求的玻璃。

玻璃的化学成分主要是：CaO、Na_2O、K_2O。引入 B_2O_3、Al_2O_3、ZnO、BaO 等以使玻璃具有不同的性质和用途。

特硬玻璃和硬质玻璃含 SiO_2 和 B_2O_3 较高，均属于高硼硅酸盐玻璃一类。它们具有较高的热稳定性，在化学稳定性方面耐酸、耐水性能好，耐碱性能稍差。一般仪器玻璃为软质玻璃，其热稳定性及耐腐蚀性稍差。

玻璃的化学稳定性较好，但并不是绝对不受侵蚀，而是其受侵蚀的量符合一定的标准。因玻璃被侵蚀而有痕量离子进入溶液中和玻璃表面吸附溶液中的待测分析离子，是微量分析要注意的问题。氢氟酸很强烈地腐蚀玻璃，故不能用玻璃仪器进行含有氢氟酸的实验。碱液特别是浓的或热的碱液对玻璃明显地腐蚀。储存碱液的玻璃仪器如果是磨口仪器还会使磨口黏在一起无法打开。因此，玻璃仪器不能长时间存放碱液。

石英玻璃属于特种玻璃仪器，其理化性能与玻璃有同又有异，它有极其优良的化学稳定性和热稳定性，但价格较贵，使用时要小心轻放。

1.2 实验目的

清点玻璃仪器，了解其使用方法与用途；学会各种玻璃仪器的使用与洗涤方法。

1.3 实验内容

1.3.1 玻璃仪器的使用

（1）常规玻璃仪器的使用

见表 1－1。

表 1－1 常规玻璃仪器主要用途和使用注意事项

序号	名称	主要用途	使用注意
1	烧杯	配制溶液、溶样等	加热时应置于石棉网上，使其受热均匀，一般不可烧干
2	锥形瓶	加热处理试样和容量滴定分析	除与上相同要求外，磨口锥形瓶加热时要打开塞，非标准磨口要保持原配塞
3	碘量瓶	碘量法或其他生成挥发性物质的定量分析	除与上相同要求外，磨口碘量瓶加热时要打开塞，非标准磨口要保持原配塞

续表

序号	名称	主要用途	使用注意
4	洗瓶	装纯水洗涤或装洗涤液洗涤沉淀	
5	量筒	粗略地量取一定体积的液体用	沿壁加入或倒出溶液
6	容量瓶	配制准确体积的标准溶液或被测溶液，或稀释溶液	非标准磨口要保持原配；漏水的不能使用；不能直接火加热，可水浴加热
7	滴定管	容量分析滴定操作	活塞要原配；漏水不能使用；不能加热；不能长期存放碱液；碱管不能放与橡皮作用的标准溶液
8	移液管	准确地移取一定量液体	移取溶液前需用待移取的溶液润洗三次
9	吸量管	准确地移取不同量的液体	移取溶液前需用待移取的溶液润洗三次
10	表面皿	盖烧杯及漏斗等	不可直接火加热，直径要略大于所盖容器
11	试剂瓶	细口瓶用于存放液体试剂；广口瓶用于装固体试剂；棕色瓶用于存放见光易分解的试剂	不能加热；不能在瓶内配制在操作过程放出大量热量的溶液；磨口瓶塞要原配；不要长期存放碱性溶液，存放时应使用橡皮塞
12	滴瓶	装需要滴加的试剂	不能加热；不能在瓶内配制在操作过程放出大量热量的溶液；磨口瓶塞要原配；不要长期存放碱性溶液，存放时应使用橡皮塞
13	比色管	光度分析	不可直接火加热，非标准磨口必须要原配；注意保持管壁透明，不可用去污粉刷洗
14	冷凝管	用于冷凝馏出的液体，蛇形管适用于冷凝地沸点液体蒸汽，空气冷凝管用于冷凝沸点150℃以上的液体蒸汽	不可骤冷骤热；注意从下口进冷却水，上口出水

（2）容量瓶及其使用

容量瓶使用前要进行检查：① 瓶塞是否漏水。加自来水至标度刻线附近，盖好瓶塞后，左手用食指按住塞子，其余手指拿住瓶颈标线以上部分，右手用指尖托住瓶底边缘，如图1－1所示。将瓶倒立2min，如不漏水，将瓶直立，转动瓶塞180°后，再倒立2min检查，如不漏水，方可使用。② 标度刻线位置距离瓶口是否太近。如果漏水或标线离瓶口太近，不便混匀溶液，则不宜使用。

使用容量瓶时，不要将其玻璃磨口塞随便取下放在桌面上，以免玷污或搞错，可用橡皮筋或细绳将瓶塞系在瓶颈上，如图1－2所示。

使用容量瓶配制标准溶液或分析试液时，最常用的方法是将待溶固体称出置于小烧杯中，加水或其他溶剂将固体溶解，然后将溶液定量转入容量瓶中。定量转移溶液时，左手拿玻璃棒，右手拿烧杯，使烧杯嘴紧靠玻璃棒，而玻璃棒则悬空伸入容量瓶口中，棒的下端应靠在瓶颈内壁上，使溶液沿玻璃棒和内壁流入容量瓶中，如图1－2所示。烧杯中溶液流完后，将玻璃棒和烧杯稍微向上提起，并使烧杯直立，再将玻璃棒放回烧杯中。然后，用洗瓶吹洗玻璃棒和烧杯内壁，再将溶液定量转入容量瓶中。如此吹洗、转移的定量转移溶液的操作，一般应重复5次以上，以保证定量转移。然后加水至容量瓶的3/4左右容积时，用右手食指和中指夹住瓶塞的扁头，将容量瓶拿起，按同一方向摇动几周，使溶液初步混匀。继续加水至距离标度刻线约1cm处后，等1～2min使附在瓶颈内壁的溶液流下后，再用细而长的滴管滴加水至弯月面下缘与标度刻线相切(注意，勿使滴管接触溶液。也可用洗瓶加水至刻度)。无论溶液有无颜色，其加水位置均为使水至弯月面下缘与标度刻线相切为标准。当加水至容量瓶的标度刻线时，盖上干的瓶塞，用左手食指按住塞子，其余手指拿住瓶颈标线以上部分，而用右手的全部指尖托住瓶底边缘，如图 1 - 1 所示，然后将容量瓶倒转，使气泡上升到顶，使瓶振荡混匀溶液。再将瓶直立过来，又再将瓶倒转，使气泡上升到顶部，振荡溶液。如此反复 10 次左右。

使用容量瓶稀释溶液时用移液管移取一定体积的溶液于容量瓶中，加水至标度刻线。按前述方法混匀溶液。

容量瓶不宜长期保存试剂溶液。如配好的溶液需作保存时，应转移至磨口试剂瓶中，不要将容量瓶当作试剂瓶使用。使用完毕应立即用水冲洗干净，如长期不用，磨口处应洗净擦干，并用纸片将磨口隔开。容量瓶不得在烘箱中烘烤，也不能在电炉等加热器上直接加热。如需使用干燥的容量瓶时，可将容量瓶洗净后，用乙醇等有机溶剂荡洗后晾干或用电吹风的冷风吹干。

（3）移液管和吸量管及其使用

使用移液管和吸量管移取溶液前，可用吸水纸将洗干净的管的尖端内外的水除去，然后用待吸溶液润洗 3 次。方法是：用左手持洗耳球，将食指或拇指放在洗耳球的上方，其余手指自然地握住洗耳球，用右手的拇指和中指拿住移液或吸量标线以上的部分，无名指和小指辅助拿住移液管，将洗耳球对准移液管口，如图 1 - 3 所示，将管尖伸入溶液或洗液中吸取，待吸液吸至球部的 1/4 处(注意，勿使溶液流回，以免稀释溶液)时，移出，荡洗、弃去。如此反复荡洗 3 次，润洗过的溶液应从尖口放出、弃去。荡洗这一步骤很重要，它是保证使管的内壁及有关部位与待吸溶液处于同一体系浓度状态。吸量管的润洗操作与此相同。

管经润洗后，移取溶液时，将管直接插入待吸液液面下约 1 ~2 cm 处。管尖不应伸入太浅，以免液面下降后造成吸空；也不应伸入太深，以免移液管外部附有过多的溶液。吸液时，应注意容器中液面和管尖的位置，应使管尖随液面下降而下降。当洗耳球慢慢放松时，管中的液面徐徐上升，当液面上升至标线以上时，迅速移去吸耳球。与此同时，用右手食指堵住管口，左手改拿盛待吸液的容器。然后，将移液管往上提起，使之离开液面，并将管的下端原伸入溶液的部分沿待吸液容器内部轻转两圈，以除去管壁上的溶液。然后使容器倾斜成约 30°，其内壁与移液管尖紧贴，此时右手食指微微松动，使液面缓慢下降，直到视线平视时弯月面与标线相切，这时立即用食指按紧管口。移开待吸液容器，左手改拿接收溶液的容器，并将接收容器倾斜，使内壁紧贴移液管尖，成 30°左右。然后放松右手食指，使溶液自然地顺壁流下，如图 1 - 4 所示。待液面下降到管尖后，等 15s 左右，移出移液管。这时，尚可见管尖部位仍留有少量溶液，对此，除特别注明“吹”字的以外，一般此管尖部位留存的溶液是不能吹入接收容器中的。因为在工厂生产检定移液管时是没有把这部分体积算进去的。但必须指出，由于一些管口尖部做得不很圆滑，因此可能会由于随靠接受容器内壁的管尖部位不同方位而留存在管尖部位的体积有大小的变化，为此，可在等 15s 后，将管身往左右旋动一下，这样管尖部分每次留存的体积将会基本相同，不会导致平行测定时的过大误差。

用吸量管吸取溶液时，大体与上述操作相同。但吸量管上常标有“吹”字，特别是 1mL 以下的吸量管尤其是如此，对此，要特别注意。实验中，要尽量使用同一支吸量管，以免带来误差。

1.3.2 玻璃仪器的洗涤

玻璃仪器在使用前必须洗净。洗净的玻璃器皿应该内、外清洁透明，内壁应能被水均匀润湿而无小水珠。

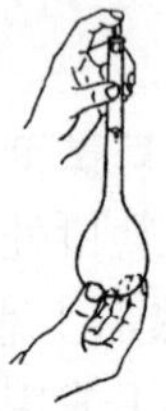

图1－1 检查漏水和混匀溶液的操作

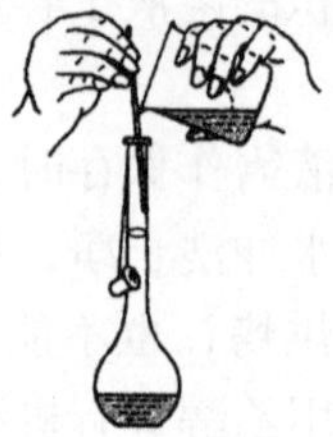

图1－2 转移溶液的操作

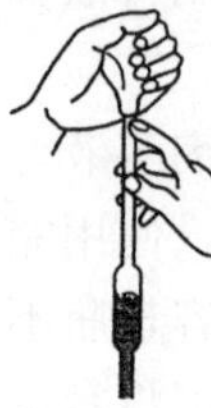

图1－3 吸取溶液的操作

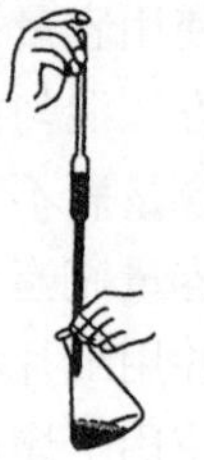

图1－4 放出溶液的操作

（1）一般的玻璃器皿的洗涤

实验室常用的烧杯、锥形瓶、量筒、量杯等一般的玻璃器皿，可用毛刷蘸去污粉、合成洗涤剂或肥皂液等刷洗，再用自来水冲洗干净，然后用蒸馏水或去离子水润洗3次。注意节约用水，采用少量多次的洗涤办法。对于难以用一般方法洗涤的玻璃仪器，可用各种洗液进行洗涤，洗液的配制与使用方法见附录1。

（2）移液管和吸量管的洗涤

为了使量出的溶液体积准确，要求内壁和下部的外壁不挂水珠。先用自来水冲洗，再用洗耳球吹出管内残留的水，然后将移液管或吸量管插入洗液瓶内，再用洗耳球将洗液缓缓吸入移液管或吸量管全管约1/4处，用右手指堵住移液管上口，将移液管横置，左手托住没沾洗液的下端，右手指松开，平移移液管或吸量管，使洗液润洗内壁，然后将洗液由下口放回原瓶，再用自来水充分冲洗，最后从洗瓶挤出少量蒸馏水刷洗内壁2～3次即可。

（3）容量瓶的洗涤

先用自来水刷洗内壁，倒出水后，内壁如不挂水珠，即可用蒸馏水刷洗备用，否则必须用洗液洗。用洗液之前，将瓶内残留的水倒出，装入约15mL洗液，转动容量瓶，使洗液润洗内壁后，稍停一回，将其倒回原瓶，再用自来水充分冲洗，最后从洗瓶挤出少量蒸馏水刷洗内壁2～3次即可。

（4）滴定管的洗涤

滴定管分酸式和碱式两种。一般用自来水冲洗，零刻度以上部位可用毛刷蘸洗涤剂刷洗，零刻度线以下如不干净，则采用洗液洗（碱式滴定管应除去乳胶管，用橡胶乳头将滴定管下口封住）。少量的污垢可装入10mL洗液，双手平托滴定管的两端，不断转动滴定管，使洗液润洗滴定管内壁，操作时管口对准洗液瓶口，以防洗液外流。洗完后，将洗液分别由两端放出。如果滴定管太脏，可将洗液装满整根滴定管浸泡一段时间。为防止洗液漏出，在滴定管下方可放一烧杯。最后用自来水、蒸馏水洗净。洗净后的滴定管内壁应被水均匀润湿而不挂水珠。如挂水珠，应重新洗涤。

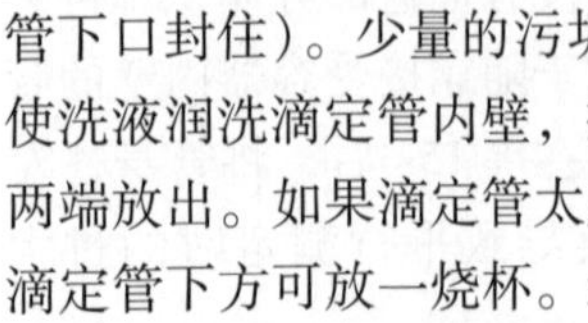

图1－5 旋塞涂凡士林操作

酸式滴定管（简称酸管），为了使其玻璃旋塞转动灵活，必须在塞子与塞座内壁涂少许凡士林。如图1－5所示，用手指蘸上凡士林后，均匀地在旋塞A、B两部分涂上薄薄的一层（注意，滴定管旋塞套内壁不涂凡士林)。涂凡士林时，不要涂得太多，以免旋塞孔被堵住，也不要涂得太少，达不到转动灵活和防止漏水之目的。涂凡士林后，将旋塞直接插入旋塞套中。插时旋塞孔应与滴定管平行，此时旋塞不要转动，这样可以避免将凡士林挤到旋塞孔中去。然后，向同一方向不断旋转旋塞，直至旋塞全部呈透明状为止。旋转时，应有一定的向旋塞小头部分方向挤的力，以免来回移动旋塞，使塞孔受堵。最后将橡皮圈套在旋塞的小头部分沟槽上(注意，不允许用橡皮筋绕!)。涂凡士林后的滴定管，旋塞应转动灵活，凡士林层中没有纹络，旋塞呈均匀的透明状态。

若旋塞孔或出口尖嘴被凡士林堵塞时，可将滴定管充满水后，将旋塞打开，用洗耳球在滴定管上部挤压、鼓气，可以将凡士林排除。

碱式滴定管(简称碱管)使用前，应检查橡皮管(医用胶管)是否老化、变质，检查玻璃珠是否适当，玻璃珠过大，不便操作，过小，则会漏水。如不合要求，应及时更换。

1.3.3　玻璃仪器的清点

参照附录 14 中玻璃清单，对实验柜中玻璃仪器的种类、数量进行清点。

1.4　思考题

(1) 如何判断器皿是否洗涤干净?

(2) 为什么滴定管、移液管、容量瓶等量器不能用去污粉洗涤?

(3) 请阐述移液管用原液润洗的注意事项。

实验 2　分析天平的使用

2.1　前　言

分析天平是定量分析中常用的主要的精密衡量仪器。正确的称量是得到准确测定结果的基本保证。使用分析天平应当注意不能随意移动天平，天平应安置在牢固的水平台面上，经常保持天平箱内清洁干燥，避免震动、潮湿、阳光照射及腐蚀性气体侵蚀；做同一定量分析实验，应使用同一台天平及所附砝码；不能称量超过天平最大载荷的物品，或过大、过长的物体；化学试剂和试样不能直接置于秤盘上，必须放在适当的容器(称量瓶、表面皿等)中；不能称量热的、过冷的物品，必须待其温度接近室温才能进行称量。开关天平等动作要轻稳。

天平检定规程中规定了灵敏性、稳定性和正确性作为天平的计量性能指标。

天平的灵敏性用灵敏度表示，是指在处于平衡状态下的天平的一个秤盘上增加一微小质量引起指针偏转的程度(角度)。在一定的质量下，指针偏转的程度越大，则天平的灵敏度越高。电光天平的灵敏度是指天平载重改变 1mg 引起指针(光标)偏移的刻度数，常用“小格/mg”表示。合格的电光天平，其左秤盘上增加 10mg 时，指针向右偏转的小格数应在98 ~ 102 格范围内。天平的灵敏度还可用感量(又称分度值)表示，同一台天平的感量与灵敏度互为倒数。常用的分析天平，其感量为 0.1 mg/格，故又称万分之一分析天平。

天平的稳定性是指天平梁在平衡状态时受到扰动后能自动回到原位的能力，可通过示值变动性反映。天平的示值变动性是指多次开关天平时平衡点的重复性，是衡量称量结果可靠程度的指标。示值变动性一般以多次测定空载天平平衡点变化的最大差值表示。天平平衡点最大差值越大，则天平的稳定性就越差。合格的分析天平，其示值变动性不应大于读数标尺的一个分度。

天平的稳定性与灵敏性密切相关，若天平的灵敏度过低，则其准确度就差；但灵敏度过高，其稳定性就差(示值变动性过大)，精密度就会受到影响。因此既要使天平有高的灵敏度，同时也要保证天平有好的稳定性。

天平的正确性是指天平的等臂性。即使是一台完好的等臂天平，其臂长也会有差异(不等臂性)，但其不等臂性应不影响称量的准确度。天平的不等臂性，可用交换两盘载重引起指针在刻度标尺上偏移的格数(偏差)表示。一台完好的天平，在最大载重时的不等臂性偏差不应大于标尺的3个分度。实际工作中。如果使用同一台天平进行称量，则天平的不等臂性引起的误差可以消除。

目前还在使用的主要有光电天平和电子天平。本实验是学习电子天平的称量方法。

天平称量方法有直接称量法、指定质量称量法和差减称量法。

直接称量法：一般指直接将待称物置于称盘或容器称出质量的称量方法。此法仅适于称量洁净干燥的不易潮解或升华的固体物品，如玻璃器皿、坩埚、珠宝等。

指定质量称量法：是指称取某一指定质量的试剂或试样的称量方法。如用基准物配制指定浓度的标准溶液时，即需用此法称取指定质量的基准物。此法仅适用于称取不易吸潮、在空气中性质稳定的粉末状或小颗粒样品，如重铬酸钾、矿样等。

差减称量法（减量法）：是指由两次称量之差得到试样质量的称量方法。减量法可用于称量过程中易吸潮、易氧化或与二氧化碳反应等的样品的称取，如碳酸钠、邻苯二甲酸氢钾等的称取。差减称量法的操作方法如下：加入适量试样(约为每份试样量的整数倍)于干燥洁净的称量瓶中，称出其质量 W_1，然后敲出一定量的试样于盛器后，再称出其质量 W_2，前后两次质量之差就是所得试样的质量。减量法可连续称取多份试样，若需称 n 份试样，则要进行 $n+1$ 次的称量。

2.2 实验目的

掌握分析天平的结构、使用规则，学会直接称量法和减量法称量的方法。

2.3 实验原理

电子天平秤盘通过支架连杆与线圈相连，线圈置于磁场中。秤盘及被称物体的重力通过连杆支架作用于线圈上，方向向下。线圈内有电流通过，产生一个向上作用的电磁力与秤盘重力方向相反，大小相等。位移传感器处于预定的中心位置，当秤盘上的物体质量发生变化时，位移传感器检出位移信号，经调节器和放大器改变线圈的电流直至线圈回到中心位置为止。通过数字显示物体的质量。

2.4 仪器与试剂

电子天平；100mL 烧杯 2 只；称量瓶；石英沙。

2.5 实验内容

2.5.1 天平称量练习

取两个清洁干燥的小烧杯，然后在分析天平上称准至0.1mg。记录 $W_{1空}$ 和 $W_{2空}$。

取一只装有石英沙的称量瓶，在天平上精确称量，记下质量为 W_1，然后自天平中取出称量瓶，慢慢倾出需要的试样 0.5～0.8g 于 W_1空烧杯中，再准确称量称量瓶和剩余试样的质量为 W_2，则 W_1-W_2即为从称量瓶倾出的试样质量。按同样的方法，再倾出第二份试样于 $W_{2空}$烧杯中。天平使用及称量操作见附录2。

再分别称量已装有石英沙样品的小烧杯的质量，记录 $W_{1样}$ 和 $W_{2样}$。

2.5.2 实验记录

见表2-1。

表2-1 石英沙称量结果

名称	第1份质量/g	第2份质量/g
称量瓶+石英沙(称量前)	W_1 =	W_2 =
称量瓶+石英沙(倾倒出石英沙后)	W_2 =	W_3 =
称出石英沙	S_1 =	S_2 =
小烧杯+称出石英沙	$W_{1样}$ =	$W_{2样}$ =
小烧杯空重	$W_{1空}$ =	$W_{2空}$ =
称出石英沙	S_{11} =	S_{22} =
偏差/mg	$S_1 - S_{11}$ =	$S_2 - S_{22}$ =

2.6 数据处理

2.6.1 结果判定

检查小烧杯的增重是否等于称量瓶之减重，即

$$W_{1样} - W_{1空} = W_1 - W_2$$

$$W_{2样} - W_{2空} = W_2 - W_3$$

如不相等，求出称量的偏差。

2.6.2 写出实验报告

2.7 思考题

(1) 称量时，能否徒手拿取小烧杯或称量瓶？为什么？

(2) 称量用的小烧杯是否需要干燥？

(3) 如果用一正常的分析天平直接称量物质时，当关上天平门准备读数时，发现称量值不断地升高，是何原因？如何解决？

(4) 各种记录应直接记录在实验报告指定格式上。若随意记在手上或零碎纸上可能会出现什么后果？

实验3 标准溶液配制与标定

3.1 前言

分析测试项目繁多，所需的试剂与溶液也各不相同。常用溶液有一般试剂溶液和标准溶液两大类。

标准溶液的配制及标定是分析化学重要的基础内容，更是分析化学实验最基本的操作技能之一。标准溶液的正确配制及其浓度的准确标定，与分析测试工作质量的优劣有直接关系，因此必须掌握标准溶液配制及标定的基本原理与操作方法，并严格按规范要求执行。

标准溶液的配制通常方法有直接法和间接法。

(1) 直接法 用分析天平准确称取一定量的基准试剂，溶于适量的水中，定量转移到容量瓶中，用水定容，根据称取试剂的质量和容量瓶的体积，计算它的准确浓度，所得溶液即为标准溶液。用于直接法配制标准溶液的试剂称为基准试剂(基准物质)，应具备下列条件：

① 试剂的组成与其化学式完全相符；

② 试剂的纯度足够高（通常要求在99.9%以上）；

③ 试剂在通常条件下很稳定。

（2）间接法　由于只有少数试剂符合基准试剂的要求，因此大多数试剂不适合直接配制标准溶液，而要通过间接的方法，即标定法。首先按大致所需浓度配制溶液，然后利用其与基准试剂（或已知准确浓度的另一溶液）的反应来确定它的准确浓度。

配制标准溶液时需要注意以下几点：

① 要选择符合实验要求的纯水；

② 基准物质使用前要按规定方法（见附录6）进行处理；

③ 实验精度要求不是很高时，可以用优级纯或者分析纯试剂代替相应的基准试剂；

④ 当一溶液可用多种标准物质与指示剂进行标定时，原则上应使标定条件与样品测定条件相似，以避免系统误差；

⑤ 标准溶液应密封保存，有些还需避光；

⑥ 储存备用的标准溶液，由于蒸发会有水珠凝于瓶壁，使用前应将溶液摇匀；

⑦ 标准溶液的浓度并非永远是一个定值，应按具体情况进行再标定等处理。

用间接法配制好的溶液要作为标准溶液使用前，必须对其浓度进行确定，也称为标定。标定的方法有两种：基准试剂标定法和已知准确浓度溶液标定法。

基准试剂标定法是称取一定量的基准物置于锥形瓶中，用适量水溶解后，在一定的条件下，如介质组分、酸度、温度、指示剂和滴定方式等，用待标定的溶液滴定至终点，根据基准物的质量和消耗待标溶液的体积，计算待标溶液的准确浓度，所得浓度称为一级基准浓度。基准物的选取及所称取质量的多少，由待标溶液溶质性质和浓度来确定。

用间接法配制的溶液，其浓度也可以用已知准确浓度的另一试剂溶液来标定。例如，HCl溶液既可以用基准物质，如无水碳酸钠或硼砂（$Na_2B_4O_7 \cdot 10H_2O$）来标定，也可以采用已知准确浓度的NaOH溶液来标定，而采用这种方法得到的溶液浓度称为二级基准浓度。

3.2　实验目的

① 学会滴定管的准备、使用和滴定操作技术。

② 了解标准溶液的配制方法（包括直接法和间接法），学会标定酸碱标准溶液浓度的方法。

③ 熟悉甲基橙和酚酞指示剂的使用和终点的确定，学会滴定终点的判断。

3.3　实验原理

酸碱滴定中常用盐酸和氢氧化钠溶液作为标准溶液，但由于浓盐酸容易挥发，NaOH易吸收空气中的水分和CO_2，不符合直接法配制的要求，只能先配制近似浓度的溶液，然后用基准物质标定其准确浓度，即用间接法配制。也可用已知准确浓度的标准溶液来标定其浓度。

标定酸的基准物质常用无水碳酸钠或硼砂。以无水碳酸钠为基准标定时，应采用甲基橙为指示剂，反应式如下：

$$Na_2CO_3 + 2HCl \xlongequal{} 2NaCl + H_2CO_3$$

$$H_2CO_3 \longrightarrow H_2O + CO_2\uparrow$$

已知准确浓度的盐酸后，再用其标定氢氧化钠溶液的准确浓度。

3.4 仪器与试剂

3.4.1 仪器和材料

电子天平；25mL 酸式滴定管；碱式滴定管各 1 支；100mL 烧杯 2 只；250mL 或 500mL 烧杯 1 只；100mL 容量瓶 1 个；250mL 锥形瓶 3 只；25mL 移液管 1 支；250mL 容量瓶 1 个；5mL 吸量管 1 支。

3.4.2 试剂

（1）无水碳酸钠 Na_2CO_3：分析纯。

（2）氢氧化钠：分析纯。

（3）浓盐酸（1.19g/cm^3）：分析纯。

（4）酚酞指示剂：0.1% 的 90% 乙醇溶液。

（5）甲基橙指示剂：0.1% 水溶液。

（6）无 CO_2 蒸馏水。

3.5 实验内容

3.5.1 无水 Na_2CO_3 的称量与溶液配制

取在 180℃下烘 2h 并在干燥器中冷却至室温的无水 Na_2CO_3，用差减法准确称取约0.4～0.5g（记录 W_1、W_2 的准确质量，精确到 0.0001g），放入 100mL 烧杯中，转移至 100mL 容量瓶中，用无 CO_2 蒸馏水稀释至刻度，摇匀，待用。

3.5.2 0.1mol/L HCl 溶液的配制

用 5mL 吸量管吸取 2.1mL 浓度为 12mol/L 浓盐酸溶液，放入 250mL 容量瓶中，用无 CO_2 蒸馏水稀释至刻度，摇匀，待用。即得近似 0.1mol/L 的盐酸。为知其准确浓度，必须用上述无水 Na_2CO_3 标准溶液标定。

3.5.3 0.1mol/L HCl 标准溶液的标定

用 25mL 移液管取上述无水 Na_2CO_3 标准溶液的 25.00mL，转移至 250mL 锥形瓶中，加 1～2滴甲基橙指示剂，用 HCl 标准溶液滴定至溶液由橙黄色变为淡橙红色为终点。滴定操作详见附录 3。记录消耗 HCl 溶液的量（V_{HCl} mL），根据 Na_2CO_3 基准物质的质量，计算 HCl 溶液物质的量浓度（mol/L）。

3.5.4 0.1mol/L NaOH 溶液的配制

用托盘天平称取 1.0g NaOH 固体于 250mL 烧杯中，用量筒加入蒸馏水 250mL，使其溶解，并搅拌均匀，待用。

3.5.5 0.1mol/L NaOH 溶液的标定

将 NaOH 溶液加入碱式滴定管中，调节零点。用移液管吸取 25.00mL 0.1000mol/L HCl 溶液共 3 份，分别放入锥形瓶中，加 1～2 滴酚酞指示剂，自滴定管用 NaOH 溶液滴定至溶液由无色变为淡粉红色指示滴定终点。记录 NaOH 溶液用量（mL）。根据 NaOH 溶液用量计算 NaOH 溶液物质的量浓度（mol/L）。

3.5.6 实验原始记录(表3-1、表3-2)

表3-1 HCl溶液标定结果记录

Na_2CO_3质量/g	W_1 = W_2 =	$W_1 - W_2$ =	$W_0 = (1/4)W$ =
HCl溶液滴定初始读数/mL HCl溶液滴定终点读数/mL HCl溶液用量/mL			

表3-2 NaOH溶液标定结果记录

0.1 mol/L HCl/mL	25.00	25.00	25.00
NaOH溶液初始读数/mL NaOH溶液滴定终点读数/mL NaOH溶液用量/mL			

3.6 数据处理

3.6.1 HCl溶液物质的量浓度的计算

$$C_{HCl} = \frac{(W_0/53.00) \times 1000}{V_{HCl}}$$

式中 C_{HCl}——HCl标准储备溶液物质的量浓度，mol/L；

V_{HCl}——滴定时消耗HCl溶液的量，mL；

W_0——称取基准物质Na_2CO_3质量的1/4，g；

53.00——基准物质$1/2Na_2CO_3$的摩尔质量，g/mol。

3.6.2 NaOH溶液的量浓度的计算

$$C_{NaOH} = \frac{C_{HCl} \times V_{HCl}}{V_{NaOH}}$$

式中 C_{HCl}——标定后已知HCl标准溶液物质的量浓度，mol/L；

V_{HCl}——滴定时吸取盐酸溶液的体积，mL；

V_{NaOH}——滴定时消耗NaOH溶液的量，mL。

3.6.3 实验结果(表3-3、表3-4)

表3-3 HCl溶液标定结果

Na_2CO_3质量/g	W_1 = W_2 =	$W_1 - W_2$ =	$W_0 = (1/4)W$ =
HCl溶液滴定初始读数/mL HCl溶液滴定终点读数/mL HCl溶液用量/mL HCl标准溶液物质的量浓度/(mol/L) 平均物质的量浓度/(mol/L)* 绝对偏差 平均偏差 相对平均偏差			

注：*—4位有效数字。

表 3-4 NaOH 溶液标定结果

0.1mol/L HCl/mL①	25.00	25.00	25.00
NaOH 溶液初始读数/mL			
NaOH 溶液滴定终点读数/mL			
NaOH 溶液用量/mL			
NaOH 标准溶液的量浓度/(mol/L)			
平均物质的量浓度/(mol/L)②			
绝对偏差			
平均偏差			
相对平均偏差			

① 用标定后已知的 HCl 溶液准确浓度计算 NaOH 溶液浓度；② 4 位有效数字。

3.7 思考题

(1) 如果使用 50mL 的滴定管，当第一次实验用去 20mL，第二次滴定什么必须添加标准溶液至零刻度附近，而不可继续使用余下的部分溶液进行滴定？

(2) 如果移液管、吸量管上未刻有“吹”字，放出溶液后切勿把残留在管尖的溶液吹出，为什么？

(3) 滴定管在装入标准溶液前为什么要用此溶液淌洗 2~3 次？用于滴定的锥形瓶是否要预先干燥？是否要用待测溶液淌洗几次？为什么？

(4) 标定 HCl 溶液时，称量无水 Na_2CO_3是否要十分准确？溶解 Na_2CO_3时加入 50 mL 蒸馏水应使用移液管还是量筒？为什么？

(5) 滴定时指示剂用量为什么不能太多？用量与什么因素有关？

实验 4 工业废水碱度的测定

4.1 前 言

水中的碱度指水中所含能接受质子的物质的总量，即水中所有能与强酸定量作用的物质的总量。而水中的酸度是指水中的所含能够给出质子的物质的总量，即水中所有能与强碱定量作用的物质的总量。碱度和酸度都是水质综合性特征指标之一。当水中碱度或酸度的组成成分为已知时，可用具体物质的量来表示碱度或酸度。水中酸度、碱度的测定在评价水环境中污染物质的迁移转化规律和研究水体的缓冲容量等方面有重要的实际意义。

水中的碱度主要有 3 类。一类是强碱，如 $Ca(OH)_2$、NaOH 等，在水中全部离解成 OH^-；一类是弱碱，如 NH_3、$C_6H_5NH_2$ 等，在水中部分离解成 OH^-；另一类是强碱弱酸盐，如 Na_2CO_3、$NaHCO_3$等在水中部分水解产生 OH^-离子。在特殊情况下，强碱弱酸盐碱度还包括磷酸盐、硅酸盐、硼酸盐等，但它们在天然水中的含量往往不多，常可忽略不计。

一般水中碱度主要有重碳酸盐(HCO_3^-)碱度、碳酸盐(CO_3^{2-})碱度和氢氧化物(OH^-)碱度。这些碱度与水中 pH 有关，一般 $pH>10$ 时主要是 OH^-碱度，碳酸盐水解也可以使溶液 pH 值达到 10 以上。按碳酸平衡规律，pH8.3~10 以上，存在 CO_3^{2-}碱度，而 $pH=4.5\sim10$ 以上，存在 HCO_3^- 碱度。在 $pH\approx8.31$ 时，CO_3^{2-}就全部转化为 HCO_3^-，而 $pH=12.5$，HCO_3^-又全部转化为 CO_3^{2-}。$pH<4.5$ 时，主要是 H_2CO_3，可认为碱度 $=0$。

水中可能存在的碱度组成有5类

① OH^-碱度；

② OH^-和CO_3^{2-}碱度；

③ CO_3^{2-}碱度；

④ CO_3^{2-}和HCO_3^-碱度；

⑤ HCO_3^-碱度。

一般假设水中HCO_3^-和OH^-碱度不能同时存在。

对于$pH<8.3$的天然水中主要含有HCO_3^-，而pH略大于8.3的天然水、生活污水中除有HCO_3^-外还有CO_3^{2-}，而工业废水中如造纸、制革废水、石灰软化的锅炉水中主要有OH^-和CO_3^{2-}碱度。

碱度的测定在水处理工程实践中，如饮用水、锅炉用水、农田灌溉用水和其他用水中应用很普遍。碱度又常作为混凝效果、水质稳定和管道腐蚀控制的依据以及废水好氧厌氧处理设备良好运行的条件等。

4.2 实验目的

通过实验掌握水中碱度测定的方法，进一步掌握滴定终点的判断。

4.3 实验原理

采用连续滴定法测定水中碱度。首先以酚酞为指示剂，用HCl标准溶液滴定至终点时溶液由红色变为无色，用量为P(mL)；接着以甲基橙为指示剂，继续用同浓度HCl标准溶液滴定至溶液由橘黄色变为橘红色，用量为M(mL)。如果$P>M$，则有OH^-和CO_3^{2-}碱度；$P<M$，则有CO_3^{2-}和HCO_3^-碱度；$P=M$，则只有CO_3^{2-}碱度；如$P>0$，$M=0$，则只有OH^-碱度；如$P=0$，$M>0$，则只有HCO_3^-碱度。根据HCl标准溶液浓度和用量(P和M)，求出水中的碱度。

4.4 仪器与试剂

4.4.1 仪器

50mL酸式滴定管1支；250mL锥形瓶4只；50mL移液管1支。

4.4.2 试剂

无CO_2蒸馏水、0.1mol/L HCl溶液、酚酞指示剂、甲基橙指示剂

4.5 实验内容

4.5.1 0.1mol/L HCl溶液的配制与标定

见实验3。

4.5.2 水样的测定

① 用移液管吸取3份水样，每份水样50.00mL，蒸馏水50.00mL，分别放入4只250mL锥形瓶中，加入2滴酚酞指示剂，摇匀。

② 若水样呈红色，用0.1 mol/L HCl溶液滴定至刚好无色(可与无CO_2蒸馏水的锥形瓶比较)。记录用量(P)。若加酚酞指示剂后溶液无色，则不需要用HCl滴定。接着按下步操作。

③ 再加入甲基橙1滴，混匀。

④ 若水样变为桔黄色，继续用0.1mol/L HCl溶液滴定至刚刚变为橘红色为止(与无CO_2蒸馏水的锥形瓶比较)。记录用量(M)。如果加甲基橙指示剂后溶液为橘红色，则不需

要用 HCl 溶液滴定。

4.5.3 实验原始结果记录(表 4-1)

表 4-1 实验原始记录

	锥形瓶编号	1	2	3
酚酞指示剂	滴定管终读数/mL 滴定管始读数/mL P/mL			
甲基橙指示剂	滴定管终读数/mL 滴定管始读数/mL M/mL			

4.6 数据处理

4.6.1 结果计算

$$总碱度(CaO计，mg/L)=\frac{C(P+M)\times 28.04}{V}\times 1000$$

$$总碱度(CaCO_3计，mg/L)=\frac{C(P+M)\times 50.05}{V}\times 1000$$

式中 C——HCl 标准溶液物质的量浓度，mol/L；

P——酚酞为指示剂滴定终点时消耗 HCl 标准溶液的量，mL；

M——甲基橙为指示剂滴定终点时消耗 HCl 标准溶液的量，mL；

V——水样体积；

28.04——1/2 CaO 的摩尔质量，g/mol；

50.05——1/2 $CaCO_3$的摩尔质量，g/mol。

4.6.2 碱度测定结果

碱度计算结果填入表 4-2。

表 4-2 实验测定结果

锥形瓶编号	1	2	3
酚酞指示剂 P/mL			
甲基橙指示剂 M/mL			
$(P+M)$/mL			
总碱度(CaO 计，mg/L)			
平均值(CaO 计，mg/L)			
绝对偏差			
平均偏差			
相对平均偏差			
总碱度($CaCO_3$ 计，mg/L)			
平均值($CaCO_3$ 计，mg/L)			
绝对偏差			
平均偏差			
相对平均偏差			

4.6.3　写出实验报告

4.7　思考题

（1）请根据实验数据，判断水样中有何种碱度。

（2）为什么水样直接以甲基橙为指示剂，用酸标准溶液滴定至终点，所得碱度是总碱度？

（3）计算 HCl（相对密度 1.19，含量为 37%）物质的量浓度 C(HCl)。

（4）若要配制 500mL 0.1mol/L HCl 溶液，应取浓 HCl（相对密度 1.19，含量为 37%）多少毫升？

实验 5　工业废水酸度的测定

5.1　前　言

地表水中，由于溶入 CO_2 或由于机械、选矿、电镀、农药、印染、化工等行业排放的含酸废水的进入，致使水体的 pH 值降低。由于酸的腐蚀性，破坏了鱼类及其他水生生物和农作物的正常生活及生长条件，造成鱼类及农作物等死亡。因此，酸度是衡量水体变化的一项重要指标。从分析的角度来说，酸度亦是一项综合指标，表示它与强碱定量作用至一定 pH 的能力，只有当它的化学成分为已知时，才能被解释为具体的物质。

对酸度产生影响的溶解气体（如 CO_2、H_2S、NH_3）在取样、保存或滴定时，能增加或损失酸度。因此，在打开试样容器后，要迅速滴定到终点，防止干扰气体溶入试样。为了防止 CO_2 等溶解气体损失，在采样后，要避免剧烈摇动，并要尽快分析，否则要在低温下保存。

含有三价铁和二价铁、锰、铝等可氧化或易水解的离子时，在常温滴定时的反应速率很慢，且生成沉淀，导致终点时，指示剂褪色。遇此情况，应在加热后进行滴定。

水样中的游离氯会使甲基橙指示剂褪色，可在滴定前加入少量 0.1mol/L 硫代酸钠溶液去除。

对有色的或浑浊的水样，可用无 CO_2 水稀释后滴定，或选用电位滴定法（pH 指示终点值仍为 8.3 和 3.7），其操作步骤按所用仪器说明进行。

5.2　实验目的

熟练掌握滴定分析的基本操作，掌握工业废水酸度测定原理以及酸度测定方法。

5.3　实验原理

酸度是指水中含有能与强碱发生中和作用的物质总量，主要来自水样中存在的强酸、弱酸和强酸弱碱盐等物质。

酸度采用标准氢氧化钠溶液滴定法测得。通常把用甲基橙作为指示剂滴定的酸度（pH = 3.7）称为甲基橙酸度；用酚酞作为指示剂滴定的酸度（pH = 8.3）称为酚酞酸度或总酸度。

标定碱的基准物质常用的有邻苯二甲酸氢钾或草酸。邻苯二甲酸氢钾用作基准物有以下优点：①易于获得纯品；②易于干燥，不吸湿；③摩尔质量大，可相对降低称量误差。

邻苯二甲酸氢钾是一种二元弱酸的共轭碱，它的酸性较弱，$K_{a_2} = 2.9 \times 10^{-6}$，与 NaOH 的反应产物是邻苯二甲酸钾钠，在水溶液中显微碱性，因此应选用酚酞作指示剂。

5.4 仪器与试剂

5.4.1 仪器

50mL 碱式滴定管；电子天平；250mL 锥形瓶；25mL、50mL 移液管；250mL 容量瓶；100mL 烧杯。

5.4.2 试剂

（1）0.1mol/L NaOH 标准溶液：称取 60g 氢氧化钠溶液于 50mL 水中，转入 150mL 的聚乙烯瓶中，冷却后，用装有具石灰管的橡皮塞塞紧，静置 24h 以上。吸取上层清液约 7.5mL 置于 1000mL 容量瓶中，用无二氧化碳水稀释至标线，摇匀。

（2）苯二甲酸氢钾（$KHC_8H_4O_4$）：在 105～110℃干燥过的基准试剂。

（3）甲基橙指示剂：称取 0.05g 甲基橙，溶于 100mL 水中。

（4）0.5% 酚酞指示剂：称取 0.5g 酚酞溶于 50mL 95% 的乙醇中，然后用水稀释至 100mL。

5.5 实验内容

5.5.1 0.1moL/L 氢氧化钠溶液的标定

称取在 105～110℃烘箱内干燥过的基准试剂级苯二甲酸氢钾（$KHC_8H_4O_4$）约 0.5g（称准至 0.0001g），置于 100mL 烧杯中，加无 CO_2 水使之溶解，将溶液转移至 250mL 锥形瓶中，溶液体积约为 100mL。加入 2 滴酚酞指示剂，用待标定的氢氧化钠溶液滴定至浅红色为终点。同时用无 CO_2 水作滴定空白。

5.5.2 0.01mol/L 氢氧化钠溶液的配制

用 25mL 移液管吸取 25.00mL 0.1mol/L NaOH 溶液注入 250mL 容量瓶中，稀释至刻度，摇匀。

5.5.3 酚酞酸度测定

取 100mL 水样于 250mL 锥形瓶中，加入酚酞指示剂 2 滴，以 0.01mol/L 的 NaOH 标准溶液滴定至溶液刚变为粉红色，准确读出消耗氢氧化钠溶液的体积（V_1）。

5.5.4 甲基橙酸度测定

另取 100mL 水样于 250mL 锥形瓶中，加入甲基橙指示剂 2 滴，以 0.01mol/L 的 NaOH 标准溶液滴定至溶液刚变为橙红色，准确读出消耗氢氧化钠溶液的体积（V_2）。

5.5.5 实验原始记录（表 5-1、表 5-2）

表 5-1 氢氧化钠标定原始记录

锥形瓶编号	1	2
苯二甲酸氢钾/g		
滴定管终读数/mL		
滴定管始读数/mL		
消耗 NaOH 体积/mL		

5.6 数据处理

5.6.1 0.1mol/L 氢氧化钠溶液浓度的计算

$$C(\mathrm{NaOH})(\mathrm{mol/L}) = \frac{m \times 1000}{(V_1 - V_0) \times 204.23}$$

式中 m——称取苯二甲酸氢钾的质量，g；

V_0——滴定空白时消耗氢氧化钠溶液体积，mL；

V_1——滴定苯二甲酸氢钾所消耗氢氧化钠溶液体积，mL；

204.23——苯二甲酸氢钾摩尔质量，g/mol。

表 5-2 水样测定原始记录

	锥形瓶编号	1	2	3
	取样体积/mL	100.00	100.00	100.00
酚酞指示剂	滴定管终读数/mL			
	滴定管始读数/mL			
	消耗 NaOH 体积/mL			
甲基橙指示剂	滴定管终读数/mL			
	滴定管始读数/mL			
	消耗 NaOH 体积/mL			

5.6.2 酸度测定结果计算

$$酚酞酸度(CaCO_3\ 计，mg/L)=\frac{V_1\times C(NaOH)\times 50.05}{V}\times 1000$$

$$甲基橙酸度(CaCO_3\ 计，mg/L)=\frac{V_2\times C(NaOH)\times 50.05}{V}\times 1000$$

式中 $C(NaOH)$——NaOH 标准溶液的量浓度，mol/L；

V_1——酚酞为指示剂滴定终点时消耗 NaOH 标准溶液的量，mL；

V_2——甲基橙为指示剂滴定终点时消耗 NaOH 标准溶液的量，mL；

V——水样体积；

50.05——$1/2CaCO_3$ 的摩尔质量，g/mo1。

5.6.3 实验结果(表 5-3、表 5-4)

表 5-3 氢氧化钠溶液标定测定结果

锥形瓶编号	1	2
NaOH 物质的量浓度/(mol/L)		
NaOH 平均物质的量浓度/(mol/L)		

表 5-4 水样测定结果

锥形瓶编号	1	2	3
酚酞酸度/($CaCO_3$ 计，mg/L)			
酚酞酸度平均值/($CaCO_3$ 计，mg/L)			
绝对偏差			
平均偏差			
相对平均偏差			
甲基橙酸度/($CaCO_3$ 计，mg/L)			
甲基橙酸度平均值/($CaCO_3$ 计，mg/L)			
绝对偏差			
平均偏差			
相对平均偏差			

5.7 思考题

为什么标定时采用0.10mol/L的氢氧化钠？什么情况下水样可以直接用0.10mol/L的氢氧化钠滴定？

实验6 工业废水硫化物的测定

6.1 前 言

本实验测定的硫化物是废水中溶解性的无机硫化物和酸溶性金属硫化物。在酸性条件下，硫化物与过量的碘作用，剩余的碘用硫代硫酸钠滴定，由硫代硫酸钠溶液所消耗的量，间接求出硫化物的含量。

硫代硫酸钠标准溶液通常用 $Na_2S_2O_3 \cdot 5H_2O$ 配制。硫代硫酸钠中常含有 S、Na_2SO_3、Na_2SO_4等微量杂质，在空气中不稳定，容易风化或潮解，因此不能用直接法配制。

水中溶解的 CO_2会使 $Na_2S_2O_3$分解；水中溶解的空气氧化 $Na_2S_2O_3$，产生不具有还原性的 SO_4^{2-}，并且有硫析出；水中存在的嗜硫菌等微生物能够分解 $Na_2S_2O_3$，降低 $Na_2S_2O_3$的浓度，因此配制硫代硫酸钠标准溶液，要求采用新煮沸且放冷的蒸馏水，以驱除水中残留的 CO_2和 O_2，杀死微生物。此外，还要加入一些稳定剂，使溶液的 pH 保持在 9~10。配制好的溶液应放置 7~10d，待其稳定后再进行标定。如果溶液出现浑浊或者有不溶物出现，应过滤后使用。

标定硫代硫酸钠标准溶液可用 $KBrO_3$、KIO_3、$K_2Cr_2O_7$、$KMnO_4$等氧化剂，应用最广的是 $K_2Cr_2O_7$。标定采用间接碘量法，先使 $K_2Cr_2O_7$与过量的 KI 作用，再用欲标定浓度的 $Na_2S_2O_3$溶液滴定析出的 I_2，根据反应的计量关系计算出 $Na_2S_2O_3$标准溶液的准确浓度。

第一步反应为：

$$Cr_2O_7^{2-} + 14H^+ + 6I^- = 3I_2 + 2Cr^{3+} + 7H_2O$$

在酸度较低时此反应完成较慢，若酸度太强又有使 KI 被空气氧化成 I_2的危险，所以必须注意控制酸度并避光放置10min，此反应才能定量完成。

第二步反应为：

$$2S_2O_3^{2-} + I_2 = 2S_4O_6^{2-} + 2I^-$$

第一步反应析出的 I_2用 $Na_2S_2O_3$溶液滴定，以淀粉作指示剂，淀粉溶液在有 I_2 存在时能与 I_2分子形成蓝色可溶性吸附化合物，使溶液呈蓝色。到达终点时，溶液中的 I_2全部与 $Na_2S_2O_3$作用，蓝色消失。但开始时 I_2太多，如被淀粉吸附得过牢，就不易被完全夺出，并且也难以观察终点，因此必须在滴定至近终点时方可加入淀粉溶液。

还原性及氧化性物质干扰测定。水中悬浮物或浑浊度高时，对测定可溶态硫化物有干扰。遇此情况应进行预处理。

6.2 实验目的

（1）掌握沉淀的洗涤与转移方法；

（2）掌握用碘量法测定工业废水中硫化物的原理和方法；

（3）学会硫代硫酸钠标准溶液的配制与标定。

6.3 实验原理

水中硫化物与乙酸锌作用生成硫化锌沉淀，将其溶于酸中，在酸性条件下，与过量的碘作用，剩余的碘用硫代硫酸钠滴定。由硫代硫酸钠溶液所消耗的量，间接求出硫化物的含量。

有关反应式如下：

$$Zn(C_2H_3O_2)_2 + S^{2-} \longrightarrow ZnS\downarrow + 2\ C_2H_3O_2^-$$

$$ZnS + 2HCl \longrightarrow ZnCl_2 + H_2S$$

$$H_2S + I_2 \longrightarrow 2HI + S\downarrow$$

$$I_2 + 2Na_2S_2O_3 \longrightarrow 2NaI + Na_2S_4O_6$$

6.4 仪器与试剂

6.4.1 仪器

（1）250mL 碘量瓶。

（2）中速定量滤纸或玻璃纤维滤膜。

（3）25mL 滴定管。

（4）250mL 碘量瓶。

（5）10mL 移液管。

（6）5mL 吸量管。

（7）50mL、100mL、250mL 容量瓶。

（8）100mL 烧杯。

（9）电子天平。

6.4.2 试剂

（1）乙酸锌：分析纯。

（2）1% 淀粉指示液。

（3）1 +5 硫酸；30mL（注意：酸加入水中）。

（4）碘化钾：分析纯。

（5）碘：分析纯。

（6）重铬酸钾：放入 180℃烘箱内干燥至恒重取出，置于干燥器内冷却。

（7）硫代硫酸钠（$Na_2S_2O_3 \cdot 5H_2O$）：分析纯。

6.5 实验内容

6.5.1 0.05mol/L 硫代硫酸钠标准溶液的配制

称取 3.1g 硫代硫酸钠（$Na_2S_2O_3 \cdot 5H_2O$）溶于水中，转移至 250mL 容量瓶中，稀释至刻度。如长期保存，加入 0.1g 无水碳酸钠，保存于棕色瓶中。

6.5.2 0.050mol/L $K_2Cr_2O_7$ 溶液的配制

准确称取 $K_2Cr_2O_7$ 固体 0.2452g 溶于蒸馏水中，转移至 100mL 容量瓶中，稀释至刻度。摇匀。

6.5.3 硫代硫酸钠标准溶液的标定

向 250mL 碘量瓶内，加入 1g 碘化钾及 50mL 水，加入的重铬酸钾标准溶液[（$1/6K_2Cr_2O_7$）

= 0.0500mol/L]20.00mL，加入 1 + 5 硫酸 5mL，密塞混匀。置暗处静置 5min，用待标定的硫代硫酸钠标准溶液滴定至溶液呈淡黄色时，加入 1mL 淀粉指示液，继续滴定至淡蓝色刚好消失，记录标准液用量。

6.5.4　0.05mol/L($1/2I_2$)碘标准溶液的配制

准确称取 0.32～0.34g 碘于 100mL 烧杯中，加入 1.0g 碘化钾，加适量水溶解后，转移至 50mL 棕色容量瓶中，用水稀释至刻度，摇匀。

6.5.5　1mol/L 乙酸锌溶液的配制

溶解 11g 乙酸锌[$Zn(CH_3COO)_2 \cdot 2H_2O$]于水中，用水稀释至 50mL。

6.5.6　水样预处理

分别取蒸馏水、水样各 10.00mL 于 100mL 烧杯中，各加入 1mol/L 乙酸锌溶液 10mL，用滤纸过滤沉淀。具体操作详见附录 4。

6.5.7　水样测定

将硫化锌沉淀连同滤纸转入 250mL 碘量瓶中，加水 50mL 用玻璃棒搅碎后，加 20.00mL 碘标准溶液，5mL 1 + 5 硫酸溶液，密塞混匀。暗处放置 5min，用硫代硫酸钠标准溶液滴定至溶液呈淡黄色时，加入 8～10 滴淀粉指示液，继续滴定至蓝色刚好消失，记录用量。同时作空白实验。

6.5.8　原始记录(表 6 - 1)

表 6 - 1　实验原始记录

	锥形瓶编号	1	2	空白
硫代硫酸钠标定	滴定管终读数/mL			
	滴定管始读数/mL			
	硫代硫酸钠溶液用量/mL			
水样测定	取样体积/mL			
	滴定管终读数/mL			
	滴定管始读数/mL			
	硫代硫酸钠溶液用量/mL			

6.6　数据处理

6.6.1　硫代硫酸钠标准溶液浓度的计算

$$C_1(\text{mol/L}) = \frac{20.00}{(V_2 - V_3)} \times C_2$$

式中　V_2——滴定重铬酸钾标准溶液消耗硫代硫酸钠标准溶液体积，mL；

V_3——滴定空白溶液消耗硫代硫酸钠标准溶液体积，mL；

C_2——重铬酸钾标准溶液的浓度，mol/L。

6.6.2　硫化物浓度的计算

$$\text{硫化物}(S^{2-},\text{mg/L}) = \frac{(V_0 - V_1)C_1 \times 16.03 \times 1000}{V_{\text{水}}}$$

式中　V_0——空白试验中，硫代硫酸钠标准溶液用量，mL；

V_1——水样滴定时，硫代硫酸钠标准溶液用量，mL；

$V_水$——水样体积，mL；

16.03——$1/2S^{2-}$的摩尔质量，g/mol；

C_1——硫代硫酸钠标准溶液浓度，mol/L

6.7 注意事项

加入碘液和硫酸后，溶液为无色，说明硫化物含量较高，应补加适量碘溶液，使呈淡黄棕色止。空白试验亦应加入相同量的碘标准溶液。

6.8 思考题

(1) 水和废水中硫化物的测定方法还有那些？查阅相关文献简要说明测定原理。

(2) 硫化物的测定应该在酸性条件还是在碱性条件下进行？为什么？

(3) 为什么在滴定至近终点时才加入淀粉指示剂？过早加入会有什么现象？

实验7 工业废水化学需氧量的测定

7.1 前 言

化学需氧量(COD)，是指在一定条件下，用强氧化剂处理水样时所消耗氧化剂的量。以氧的mg/L来表示。化学需氧量反映了水中受还原性物质污染的程度。水中还原性物质包括有机物、亚硝酸盐、亚铁盐、硫化物等。水被有机物污染是很普遍的，因此化学需氧量也作为有机物相对含量的指标之一。

水样的化学需氧量，可受加入氧化剂的种类及浓度、反应溶液的酸度、反应温度和时间，以及催化剂的有无而获得不同的结果。因此，化学需氧量亦是一个条件性指标，必须严格按操作步骤进行。

对于工业废水，我国规定用重铬酸钾法测定化学需氧量。

酸性重铬酸钾氧化性很强，可氧化大部分有机物，加入硫酸银作催化剂时，直链脂肪族化合物可完全被氧化，而芳香族有机物却不易被氧化，吡啶不被氧化，挥发性直链脂肪族化合物、苯等有机物存在于蒸气相，不能与氧化剂液体接触，氧化不明显，氯离子能被重铬酸盐氧化，并且能与硫酸银作用产生沉淀，影响测定结果，故在回流前向水样中加入硫酸汞，使成为络合物以消除干扰。氯离子含量高于2000mg/L的样品事先作定量稀释，使含量降低至2000mg/L以下，再行测定。

使用重铬酸钾法测定时，0.4g硫酸汞可与40mg氯离子络合，如果氯离子浓度更高，应补加硫酸汞与氯离子的质量比为10:1，产生轻微沉淀不影响测定。如水样中氯离子的含量大于1000mg/L，则需要按其他方法处理。

用0.2500mol/L浓度的重铬酸钾溶液可测定大于50mg/L的COD值。用0.02500mol/L浓度的重铬酸钾溶液可测定5～50mg/L的COD值，回滴时用0.01mol/L硫酸亚铁铵溶液。

取样体积可在10.00～50.00mL范围之间，但试剂用量及浓度需按照表7-1进行调整。

加浓硫酸后必须使其充分混匀才能加热回流。回流时如果溶液颜色变绿，说明水样的COD浓度太高需将水样适当稀释后重新测定，加热回流后，溶液中重铬酸钾余量为原来量的1/5～4/5为宜。

表 7－1 取样体积与试剂用量表

水样/mL	0.2500mol/L $K_2Cr_2O_7$/mL	$H_2SO_4-Ag_2SO_4$/mL	$HgSO_4$/g	0.01mol/L $(NH_4)_2Fe(SO_4)_2$/mL	滴定前总体积/mL
10.0	5.0	15	0.2	50	70
20.0	10.0	30	0.4	100	140
30.0	15.0	45	0.6	150	210
40.0	20.0	60	0.8	200	280
50.0	25.0	75	1.0	250	350

COD 测定结果保留 3 位有效数字。

用邻苯二甲酸氢钾标准溶液检查试剂质量和操作技术时，由于每克邻苯二甲酸氢钾的理论 COD 为 1.176g，所以溶解 0.4251g 邻苯二甲酸氢钾于重蒸馏水中，转入 1000mL 容量瓶中，用重蒸馏水稀释至标线，使之成为 500mg/L 的 COD 标准溶液，用时新配。

7.2 实验目的

掌握用重铬酸钾法测定化学需氧量的原理和方法。

7.3 实验原理

在强酸性溶液中，准确加入过量的重铬酸钾标准溶液，加热回流，将水样中还原物质（主要是有机物）氧化，过量的重铬酸钾以试亚铁灵作指示剂，用硫酸亚铁铵标准溶液回滴，根据所消耗的重铬酸钾标准溶液量计算水样化学需氧量。

7.4 仪器与试剂

7.4.1 仪器

250mL 全玻璃回流装置；电子天平；电炉；25mL 酸式滴定管；10mL、20mL 移液管；250mL 锥形瓶；100mL 烧杯；50mL、100mL 量筒。

7.4.2 试剂

（1）重铬酸钾：分析纯。

（2）硫酸亚铁铵[$(NH_4)_2Fe(SO_4)_2 \cdot 6H_2O$]：分析纯。

（3）试亚铁灵指示剂：称取 1.485g 邻菲罗啉（$C_{12}H_8N_2 \cdot H_2O$）和 0.695g 硫酸亚铁（$FeSO_4 \cdot 7H_2O$）溶于水中，稀释至 100mL，储存棕色瓶中。

（4）硫酸－硫酸银溶液：于 500mL 浓硫酸中加入 5g 硫酸银。放置 1～2d，不时摇动使其溶解。

（5）硫酸汞：分析纯。

7.5 实验内容

7.5.1 0.2500mol/L 重铬酸钾标准溶液的配制

称取在 180℃烘箱内干燥至恒重的纯重铬酸钾 1.2258g，溶于水中，转移到 100mL 容量瓶中，用水稀释至刻度。摇匀。

7.5.2 0.1mol/L 硫酸亚铁铵标准溶液的配制

称取 11g 硫酸亚铁铵溶于水中，边搅拌边缓慢加入 5mL 浓硫酸，冷却后稀释至 250mL。摇匀。

7.5.3 硫酸亚铁铵标准溶液的标定

准确吸取10.00mL重铬酸钾标准溶液于250mL锥形瓶中，加水稀释至110mL，缓慢加入30mL浓硫酸，摇匀。冷却后加入3滴试亚铁灵指示剂，用硫酸亚铁铵溶液滴定，溶液的颜色黄色经蓝绿色至红褐色即为终点。测定2次，浓度结果计算后取平均值。

7.5.4 水样测定

用移液管准确吸取20.00mL水样于250mL锥形瓶中，加入硫酸汞0.4g，摇匀；再准确加入10.00mL重铬酸钾标准溶液，3粒玻璃珠。

将锥形瓶与回流冷凝装置连接好。先打开回流水，再从冷凝管上口用量筒慢慢加入30mL硫酸－硫酸银溶液，最后轻轻摇动三角瓶使溶液混匀，加热回流2h(自开始沸腾时计时)。回流2h到时间后，关闭电炉，冷却。冷却后，从冷凝管上口用量筒慢慢加入90mL蒸馏水冲洗冷凝管壁，取下三角瓶。冷却。

溶液再度冷却后，加入3滴试亚铁灵指示剂，用硫酸亚铁铵标准溶液滴定，溶液的颜色黄色经蓝绿色至红褐色即为终点，记录硫酸亚铁铵标准溶液的用量。

在测定水样同时，用20.00mL蒸馏水，按同样操作步骤作空白实验。记录滴定空白时硫酸亚铁铵标准溶液的用量。

7.5.5 原始记录(表7－2)

表7－2 实验数据原始记录

	锥形瓶编号	1	2
硫酸亚铁铵标定	滴定管终读数/mL 滴定管始读数/mL 硫酸亚铁铵溶液用量/mL		
水样测定	取样体积/mL 滴定管终读数/mL 滴定管始读数/mL 硫酸亚铁铵溶液用量/mL	20.00(水样)	00.00(空白)

7.6 数据处理

7.6.1 硫酸亚铁铵标准溶液标定的计算

$$C = \frac{0.2500 \times 10.00}{V}$$

式中 C——硫酸亚铁铵标准溶液的浓度，mol/L；

V——硫酸亚铁铵标准溶液的用量，mL。

7.6.2 水样化学需氧量的计算

$$\mathrm{COD}(\mathrm{O_2}, \mathrm{mg/L}) = \frac{(V_0 - V_1) \cdot C \times 8 \times 1000}{V}$$

式中 C——硫酸亚铁铵标准溶液的浓度，mol/L；

V_0——滴定空白时硫酸亚铁铵标准溶液的用量，mL；

V_1——滴定水样时硫酸亚铁铵标准溶液的用量，mL；

V——水样的体积；

8——1/2O摩尔质量，g/mol。

7.7 思考题

（1）COD 是水体中哪些污染物的指标？

（2）测定水样 COD 时，氯化物何以能干扰测定？如何消除？为什么？

（3）测定水样 COD 时，应注意哪些问题？

实验 8 自来水硬度的测定

8.1 前 言

一般含有钙镁盐类的水叫硬水。硬水和软水尚无明确界限，硬度小于 5 度的一般称为软水。硬度有暂时硬度和永久硬度之分。

暂时硬度：水中含有钙镁的酸式碳酸盐，遇热即成为碳酸盐沉淀而失去其硬性。反应式如下：

$$Ca(HCO_3)_2 \longrightarrow CaCO_3(\text{完全沉淀}) + H_2O + CO_2\uparrow$$

$$Mg(HCO_3)_2 \longrightarrow MgCO_3(\text{不完全沉淀}) + H_2O + CO_2\uparrow$$

$$MgCO_3 + H_2O \longrightarrow Mg(OH)_2 + CO_2\uparrow$$

永久硬度：水中含有钙镁的硝酸盐、硫酸盐、氯化物等，加热时不沉淀，但在烧锅炉的温度下，溶解度低的可析出成为锅垢。

暂时硬度和永久硬度的总和称为水的总硬度。由镁离子形成的硬度称为镁硬度，由钙离子形成的硬度称为钙硬度。

水硬度的测定分为水的总硬度以及钙硬度、镁硬度两种，前者测定水中钙镁总量，后者分别测定钙和镁的含量。

硬度通用的单位有：mmol/L、mg/L(以 $CaCO_3$ 计)、德国度。

因为 $CaCO_3$ 的相对分子质量为 100.1，所以 1mmol/L = 100.1mg/L(以 $CaCO_3$ 计)。

1 德国度相当于 1L 水中含有 10mg CaO 所引起的硬度，即 1 度。

1 度 = 10mg/L(以 CaO 计)。

1mmol/L(以 CaO 计) = 56.1/10 = 5.61 度。

1 度 = 100.1/5.61 = 17.8 mg/L(以 $CaCO_3$ 计)。

我国《生活饮用水卫生标准》规定总硬度以 $CaCO_3$ 计，不得超过 450 mg/L。

国内外规定的测定水的总硬度的标准分析方法是 EDTA 滴定法。以铬黑 T 为指示剂。由于铬黑 T 与 Mg^{2+} 显色的灵敏度高，与 Ca^{2+} 显色的灵敏度低，所以当水样中 Mg^{2+} 的含量较低时，用铬黑 T 作指示剂往往得不到敏锐的终点。这时可在溶液中加入一定量的 Mg－EDTA 缓冲溶液，提高终点变色的敏锐性。

$$\underset{\text{紫红色}}{MgIn^-} + H_2Y^{2-} \longrightarrow MgY^{2-} + H^+ + \underset{\text{亮蓝色}}{HI_n^{2-}}$$

EDTA(乙二胺四乙酸)标准溶液常用其二钠盐配制，常因吸附约 3% 的水分和其中含有少量杂质而不能直接配制标准溶液，通常采用间接法配制标准溶液。

用于标定 EDTA 的基准物质可以是含量不低于 99.95% 的某些金属，如 Cu、Zn、Pb 等，以及它们的氧化物，或者某些盐类，如 ZnO、$CaCO_3$ 等。

铬黑 T 在不同的酸度下显不同的颜色；pH < 6 为红色，pH = 7 ~ 11 为蓝色；pH > 12 为橙色。最适宜的酸度为 pH = 9 ~ 10.5。铬黑 T 固体相当稳定，但其水溶液仅能保存几天，这是由于发生了聚合反应的缘故，聚合后不能再与金属离子显色，加入三乙醇胺可以防止铬黑 T 聚合。

当溶液温度低于 10℃时，滴定到终点时的颜色变化缓慢，易使滴定过头。为此，可先将溶液微热至 30℃左右后再滴定。

铁、铝、铜、锰等元素对测定有影响。当试样中它们的含量到达干扰测定时，可按下述方法消除干扰：

试样在未加氮缓冲溶液前，先加三乙醇胺溶液，使铁、铝等离子被络合掩蔽；

试样在未加氨缓冲溶液前，加入少量的固体或者液体盐酸羟胺，然后加氨缓冲溶液，滴定，此时二价锰离子不影响滴定终点，但亦被乙二胺四乙酸定量络合而计入总硬度。

在待滴定的氨性试液中，加入新配制的硫化钠溶液，使铜及其他重金属离子生成硫化物沉淀。

8.2 实验目的

（1）学会 EDTA 标准溶液的配制与标定方法；

（2）掌握络合滴定的基本原理，了解络合滴定的特点；

（3）了解金属指示剂的变色原理以及使用时的注意事项，学会使用铬黑 T 指示剂判断终点；

（4）了解硬度的测定意义以及常用的硬度的表示方法；

（5）掌握水中硬度的测定原理和方法。

8.3 实验原理

在 pH = 10 的 NH_3-NH_4Cl 缓冲溶液中，铬黑 T 与水中 Ca^{2+}、Mg^{2+} 形成紫红色络合物，然后用 EDTA 标准溶液滴定至终点时，置换出铬黑 T 使溶液呈亮蓝色，即为终点。根据 EDAT 标准溶液的浓度和用量可求出水样中的总硬度。

8.4 仪器与试剂

8.4.1 仪器

电子天平；托盘天平；25mL 酸式滴定管；250mL 锥形瓶；50mL、25mL、10mL 和 5mL 移液管；50mL 量筒；100mL 烧杯；100mL、250 mL、500 mL 容量瓶，5mL、1mL 吸量管。

8.4.2 试剂

（1）EDTA 钠盐（$Na_2-EDTA \cdot 2H_2O$）：分析纯。

（2）铬黑 T 指示剂：称取 0.5g 铬黑 T 与 100g 氯化钠充分研细混匀，盛放在棕色瓶中，紧塞。

（3）氯化氨（NH_4Cl）：分析纯。

（4）浓氨水：分析纯。

（5）金属锌：分析纯。

（6）氯化镁（$MgCl_2 \cdot 6H_2O$）：分析纯。

（7）10% 盐酸羟胺：此溶液容易分解，用时新配。

（8）三乙醇胺：20%。

（9）Na_2S 溶液：2%。

8.5 实验内容

8.5.1 EDTA 溶液的配制

称取 1.5 ~ 1.8g EDTA 钠盐（$Na_2-EDTA \cdot 2H_2O$）于 100mL 烧杯中，溶于水后转移至 500mL 容量瓶中，用水稀释至刻度。

8.5.2 缓冲溶液（pH≈10）的配制

（1）称取 0.25g 分析纯 $MgCl_2 \cdot 6H_2O$ 于 100mL 烧杯中，加入少量蒸馏水，溶解后转入 100mL 容量瓶中，稀释至刻度。

（2）缓冲溶液的配制：称取 2.2g 分析纯 NH_4Cl 于 100mL 烧杯中，加入蒸馏水 10mL 左右溶解，加入 12mL 浓氨水（相对密度 0.9），转移至 100mL 容量瓶中，用蒸馏水稀释至 70mL 左右，注意不要稀释至刻度。

（3）用移液管取上述（1）配制的 $MgCl_2$ 溶液 10.00mL 放入 250mL 锥形瓶中，加入上述（2）缓冲溶液 5mL，铬黑 T 少许，用 EDTA 标准溶液滴定至溶液刚呈蓝色。记录 EDTA 溶液的用量。

（4）取 $MgCl_2$ 溶液 5.00mL 于烧杯中，用滴定管加入上述（3）实验所用 EDTA 溶液的用量的 1/2，摇匀，即成 Mg－EDTA 溶液。将此溶液全部倒入（2）缓冲溶液中，并稀释至刻度。

8.5.3 锌标准溶液的配制

准确称取 0.45 ~ 0.65g 分析纯金属锌，放入烧杯中，加入 5.0mL HCl，微加热使完全溶解，转移至 100mL 容量瓶中，用蒸馏水洗烧杯数次，洗液转移至容量瓶中，用蒸馏水稀释至刻度。混匀。此溶液的浓度在 0.1mol/L 左右。

用 25mL 移液管准确吸取 25.00mL 0.1mol/L 锌标准溶液，放入 250mL 容量瓶中，用蒸馏水稀释至刻度。此溶液的浓度在 10mmol/L 左右。

8.5.4 EDTA 的标定

分别吸取 3 份 25.00mL 10mmol/L 的锌标准溶液于 3 只 250mL 锥形瓶中，加蒸馏水稀释至 50mL，加几滴氨水，使溶液的 pH 值接近 10，再加入缓冲溶液 5mL 和少量铬黑 T 指示剂。用 EDTA 溶液滴定溶液由紫红变为蓝色，即为终点，记录用量在表 8－1。

表 8－1 EDTA 标定原始记录

锥形瓶编号	1	2	3
滴定管终读数/mL			
滴定管始读数/mL			
EDTA 溶液用量/mL			

8.5.5 自来水总硬度的测定

吸取 50.00mL 自来水水样 3 份，分别放入 250mL 锥形瓶中。

加 1mL 三乙醇胺溶液，掩蔽 Fe^{3+}、Al^{3+} 等干扰。

加 5 滴盐酸羟胺溶液，掩蔽 Mn^{2+} 干扰。

加 5mL 缓冲溶液，此时水样的 pH 应为 10。

加 1mLNa_2S 溶液，掩蔽 Cu^{2+}、Zn^{2+} 等重金属离子。

加铬黑 T 指示剂，溶液呈明显的紫红色。

立即用 EDTA 标准溶液滴定至蓝色，即为终点（滴定时充分摇动，使反应完全），记录用量 V_{EDTA}。记录用量在表 8－2。

表8-2 水样测定原始记录

锥形瓶编号	1	2	3
滴定管终读数/mL			
滴定管始读数/mL			
EDTA溶液用量/mL			

8.6 数据处理

8.6.1 锌标准溶液量浓度的计算

$$C_1 = \frac{W}{65.38 \times 0.100} \times \frac{1}{10} \times 1000$$

式中 C_1——锌标准溶液物质的量浓度，mmol/L；

W——所称锌的重量，g；

0.100——配制锌标准溶液体积，L；

65.38——锌摩尔质量，g/mol；

$\frac{1}{10}$——稀释倍数。

8.6.2 EDTA溶液量浓度的计算

$$C_{EDTA} = \frac{C_1 V_1}{V}$$

式中 C_{EDTA}——EDTA标准溶液物质的量浓度，mmol/L；

V——标定时消耗EDTA溶液的体积，mL；

C_1——锌标准溶液物质的量浓度，mmol/L；

V_1——锌标准溶液的体积，mL。

8.6.3 自来水总硬度的计算

$$总硬度(mmol/L) = \frac{C_{EDTA} V_{EDTA}}{V_0}$$

$$总硬度(CaCO_3, mg/L) = \frac{C_{EDTA} V_{EDTA}}{V_0} \times 100.1$$

式中 C_{EDTA}——EDTA标准溶液物质的量浓度，mmol/L；

V_{EDTA}——水样消耗EDTA标准溶液的体积，mL；

V_0——水样的体积，mL；

100.1——$CaCO_3$的摩尔质量，g/mol。

8.6.4 实验结果(表8-3、表8-4)。

表8-3 EDTA溶液标定结果

锥形瓶编号	1	2	3
EDTA溶液用量/mL			
EDTA物质的量浓度/(mmol/L)			
EDTA平均物质的量浓度/(mmol/L)			
绝对偏差			
平均偏差			
相对标准偏差/%			

表 8-4 水样测定结果

锥形瓶编号	1	2	3
EDTA 溶液用量/mL			
总硬度/(mmol/L)			
总硬度/(mmol/L)平均值			
偏差			
平均偏差			
相对标准偏差/%			
总硬度/($CaCO_3$ 计，mg/L)			
总硬度/($CaCO_3$ 计，mg/L)平均值			
偏差			
平均偏差			
相对标准偏差/%			

8.6.5 写出实验报告

8.7 思考题

(1) 滴定过程中控制溶液的 pH 有何意义?

(2) 水样中如有 Fe^{3+}、Al^{3+}、Cu^{2+}、Zn^{2+} 等离子干扰测定，应如何处理?

(3) 乙二胺四乙酸二钠盐(EDTA)在水溶液中，呈酸性还是碱性?

(4) 测定水的硬度时，缓冲溶液中加入 Mg-EDTA 盐的作用是什么? 对测定有无影响?

实验 9 自来水余氯的测定

9.1 前 言

氯以单质或次氯酸盐形式加入水中后，经水解生成游离性有效氯，包括含水分子氯、次氯酸和次氯酸盐离子等形式。其间的相对比例决定于水的 pH 和温度，在多数水体的 pH 条件下，主要是次氯酸和次氯酸盐离子。

游离性氯与铵和某些含氮化合物起反应，生成化合性有效氯。氯与铵反应生成氯胺：一氯胺，二氯胺和三氯化氮。游离性氯与化合性氯二者能同时存在于水中。氯化过的污水和某些工业废水的出水，通常只含有化合性氯。

水中余氯的来源主要是饮用水或污水中加氯以杀灭或抑制微生物；电镀废水中加氯以分解有毒的氰化物。饮用水氯消毒中以液氯为消毒剂时，液氯与水中细菌等微生物作用之后，剩余在水中的氯量称为余氯，是水中微生物指标之一。我国饮用水的出厂水要求游离性余氯大于 0.3mg/L，管网水中游离性余氯大于 0.05mg/L。

氯化作用产生不利的影响是可使含酚的水产生氯酚臭；还可生成有机氯化物，并可因存在化合性氯而对某些水生物产生有害作用。

余氯测定方法有碘量滴定法、*N*,*N*-二乙基对苯二胺(DPD)-硫酸亚铁铵滴定法和 *N*,*N*-二乙基对苯二胺比色法。

碘量滴定法适用于测定总余氯含量大于 1 mg/L 的水样。以 DPD 为指示剂，用硫酸亚铁铵溶液进行滴定，可分别测定游离性有效氯、一氯胺、二氯胺和三氯化氮。当含量较低时，可采用 DPD 比色法。

余氯在水中很不稳定，尤其含有有机物或其他还原性无机物时，更易分解而消失。因此，余氯应在采集现场进行测定。

9.2 实验目的

(1) 学会硫代硫酸钠 $Na_2S_2O_3$ 标准溶液的配制和标定方法；

(2) 掌握碘量滴定法测定水中余氯的原理和方法。

9.3 实验原理

水中余氯在酸性溶液中与 KI 作用，释放出等化学计量的碘(I_2)，以淀粉为指示剂，用 $Na_2S_2O_3$ 标准溶液滴定至蓝色消失。由 $Na_2S_2O_3$ 标准溶液的用量和浓度求出水中的余氯。主要反应是：

$$I_2 + CH_3COOH \longrightarrow CH_3COO^- + HI$$

$$2HI + HOCl \longrightarrow I_2 + H^+ + Cl^- + H_2O$$

$$I_2 + 2S_2O_3^{2-} \longrightarrow 2I^- + S_4O_6^{2-}$$

本法测定值为总余氯，包括 HOCl、OCl^-、NH_2Cl 和 $NHCl_2$ 等。

9.4 仪器与试剂

(1) 电子天平；托盘天平；250mL 碘量瓶；20mL、50mL 移液管；100mL、250mL、500mL 容量瓶；5mL 吸量管；250mL 酸式滴定管。

(2) 碘化钾(要求不含游离碘和碘酸钾)。

(3) (1+5)硫酸溶液。

(4) 硫代硫酸钠($Na_2S_2O_3 \cdot 5H_2O$)：分析纯。

(5) 重铬酸钾：分析纯。

(6) 1% 淀粉溶液：称取 1.0g 可溶性淀粉以少量蒸馏水调成糊状，加入 100mL 蒸馏水煮沸至溶液透明、冷却。为防腐，冷却后可加入 0.1 g 水杨酸或 0.4g 氯化锌。

(7) 乙酸钠：分析纯。

(8) 冰乙酸：分析纯。

9.5 实验内容

9.5.1 0.1mol/L 硫代硫酸钠标准溶液的配制

称取分析纯硫代硫酸钠 $Na_2S_2O_3 \cdot 5H_2O$，溶于已煮沸放冷的蒸馏水中，并稀释至 250mL。加入 0.2g 无水 Na_2CO_3 储于棕色瓶内。

9.5.2 0.1000mol/L 重铬酸钾标准溶液的配制

称取 0.4903g 优级纯重铬酸钾(预先在 120℃ 下烘 2h，干燥器中冷却后称重)，用少量水溶解，转移至 100mL 容量瓶中，稀释至刻度。

9.5.3 0.10mol/L 硫代硫酸钠标准溶液的标定

于 250mL 锥形瓶内加入 1g 碘化钾及 50mL 蒸馏水，再加入 20.00mL 0.1mol/L $K_2Cr_2O_7$ 标准溶液，加入 5mL(1+5)H_2SO_4，静置 5min 后，用 0.1mol/L $Na_2S_2O_3$ 溶液滴定，至溶液变成黄色时加入 8~10 滴淀粉指示剂，继续滴加到蓝色褪去为止，记录用量。重复滴定 3 次。

9.5.4 0.010mol/L 硫代硫酸钠标准溶液的配制

吸取 50.0mL 已标定的 0.10mol/L $Na_2S_2O_3$ 溶液，转移至 500mL 容量瓶中，用蒸馏水稀释至刻度。

9.5.5 乙酸盐缓冲溶液(pH4)的配制

称取14.6g无水NaAc(或24.3gNaAc·3H_2O)溶于水中，加入45.7mL HAc，用水稀释至100mL。

9.5.6 水样的测定

(1) 用移液管吸取3份100mL水样(如含量小于1mg/L时，可适当多取水样)，分别放入250mL碘量瓶内，加入0.5gKI和5mL乙酸盐缓冲溶液(pH应为3.5~4.2，如大于此pH值，继续调至pH≈4，再滴定)。

(2) 用0.0100mol/L $Na_2S_2O_3$标准溶液滴定至淡黄色，加入8~10滴淀粉溶液，继续滴定至蓝色消失，记录用量。

9.5.7 原始记录

实验数据记录于表9-1。

表9-1 实验原始记录

	锥形瓶编号	1	2	3
$Na_2S_2O_3$ 的标定	滴定管终读数/mL			
	滴定管始读数/mL			
	$Na_2S_2O_3$ 溶液用量/mL			
水样测定	取样体积/mL	100.00	100.00	100.00
	滴定管终读数/mL			
	滴定管始读数/mL			
	$Na_2S_2O_3$ 溶液用量/mL			

9.6 数据处理

9.6.1 硫代硫酸钠标准溶液浓度计算

$$C = \frac{0.1000 \times 20.00}{V_0}$$

式中 C——$Na_2S_2O_3$标准溶液浓度，mol/L；

0.1000——重铬酸钾标准溶液浓度，mol/L；

20.00——重铬酸钾标准溶液体积，mL；

V_0——待标定$Na_2S_2O_3$标准溶液用量，mL。

9.6.2 总余氯浓度的计算

$$\text{总余氯}(Cl_2, mg/L) = \frac{C \cdot V_1 \times 35.46 \times 1000}{V}$$

式中 C——$Na_2S_2O_3$标准溶液浓度，mol/L；

V_1——$Na_2S_2O_3$标准溶液用量，mL；

V——水样体积，mL；

35.46——总余氯(Cl_2)摩尔质量，g/ mol。

9.6.3 实验结果(表9-2)

9.7 思考题

(1) 饮用水出厂水和管网水中为什么必须含有一定量的余氯？

(2) 滴定反应为什么必须在pH≈4的弱酸性溶液中进行？

表 9－2 实验结果

锥形瓶编号	1	2	3
$Na_2S_2O_3$ 物质的量浓度/(mol/L)			
$Na_2S_2O_3$ 平均物质的量浓度/(mol/L)			
相对标准偏差/%			
总余氯/(mg/L)			
总余氯/(mg/L)平均值			
相对标准偏差/%			

实验10 校园湖水氯化物的测定

10.1 前 言

氯离子(Cl^-)是水和废水中一种常见的无机阴离子。几乎所有的天然水中都有氯离子存在，它的含量范围变化很大。在河流、湖泊、沼泽地区，氯离子含量一般较低，而在海水、盐湖及某些地下水中，含量可高达数十克/升。在人类的生存活动中，氯化物有很重要的生理作用及工业用途。正因为如此，在生活污水和工业废水中，均含有相当数量的氯离子。

若饮水中氯离子含量达到250mg/L，相应的阳离子为钠时，会感觉到咸味；水中氯化物含量高时，会损害金属管道和构筑物，并妨碍植物的生长。

常用的氯化物测定方法有 4 种：①硝酸银滴定法；②硝酸汞滴定法；③电位滴定法；④离子色谱法。①法和②法所需仪器设备简单，在许多方面类似，可以任意选用，适用于较清洁的水，②法的终点比较易于判断。③法适用于带色或浑浊水样。④法能同时快速灵敏地包括氯化物在内的多种阴离子，具备仪器条件时可以选用。

样品保存只需将采集的代表性水样，放在干净而化学性质稳定的玻璃瓶或聚乙烯瓶内即可。存放时不必加入特别的保存剂。

饮用水中所含的物质在通常的数量下不发生干扰。溴化物、碘化物和氰化物均能起与氯化物相同的反应。

硫化物、硫代硫酸盐和亚硫酸盐干扰测定，可用过氧化氢处理予以消除。正磷酸盐含量超过 25mg/L 时发生干扰；铁含量超过 10mg/L 时使终点模糊，可用对苯二酚还原成亚铁消除干扰；少量有机物的干扰可用高锰酸钾处理消除。

废水中有机物含量高或色度大，难以辨别滴定终点时，用 600℃ 灼烧灰化法预处理废水样，效果最好，但操作手续繁琐。一般情况下尽量采用加入氢氧化铝进行沉淀过滤法去除干扰。

本方法用于天然水中氯化物测定，也适用于经过适当稀释的高矿化废水(咸水、海水等)及经过各种预处理的生活污水和工业废水。

本方法适用的浓度范围为 10～500mg/L。高于此范围的样品，经稀释后可以扩大其适用范围，低于 10mg/L 的样品，滴定终点不易掌握，建议采用硝酸汞滴定法。

10.2 实验目的

(1)掌握 $AgNO_3$ 溶液的标定方法；

(2)掌握硝酸盐滴定法测定水中氯化物原理和方法。

10.3　实验原理

在中性或弱碱性溶液中(pH 6.5～10.5)，以铬酸钾 K_2CrO_4 为指示剂，用 $AgNO_3$ 标准溶液直接滴定水中 Cl^- 时，由于 AgCl 的溶解度小于 Ag_2CrO_4 的溶解度，根据分步沉淀的原理，在滴定过程中，首先析出 AgCl 沉淀，到达化学计量点后，稍过量的 Ag^+ 与 CrO_4^{2-} 生成 Ag_2CrO_4 砖红色沉淀，指示滴定终点到达。沉淀滴定反应为：

$$Ag + Cl \longrightarrow \underset{(白色)}{AgCl\downarrow}$$

$$2Ag + CrO_4^{2-} \longrightarrow \underset{(砖红色)}{Ag_2CrO_4\downarrow}$$

由于滴定终点时，$AgNO_3$ 的实际用量比理论用量稍多点，因此需要以蒸馏水作空白试验扣除。根据 $AgNO_3$ 标准溶液物质的量浓度和用量计算水样中氯化物的含量。

10.4　仪器与试剂

10.4.1　仪器

电子天平；托盘天平；25mL 移液管；100mL、250mL 容量瓶；1mL 吸量管；25mL 酸式滴定管；100mL 量筒；100mL 烧杯；250mL 锥形瓶。

10.4.2　试剂

(1)氯化钠：分析纯。

(2)硝酸银：分析纯。

(3)5% K_2CrO_4 溶液(指示剂)：称取 5g 铬酸钾 Ag_2CrO_4 溶于少量水中，用上述 $AgNO_3$ 溶液滴至有红色沉淀生成，混匀。静置 12h，过滤，滤液滤入 100mL 容量瓶中，用蒸馏水稀释至刻度。

(4)硫酸溶液($1/2H_2SO_4$)：0.05mol/L。

(5)0.05mol/L NaOH 溶液：将 0.2gNaOH 用蒸馏水溶解并稀释至 100mL。

(6)酚酞指示剂：称取 0.5g 酚酞溶于 50mL 95% 乙醇中，加入 50mL 蒸馏水，再滴加 0.05mol/L NaOH 溶液至呈微红色。

(7)氢氧化铝悬浮液：称取 125g 硫酸铝钾 $KAl(SO_4)_2 \cdot 12H_2O$ 或硫酸铝铵 $NH_4Al(SO_4)_2 \cdot 12H_2O$ 溶于 1 L 蒸馏水中。60℃下徐徐加入 55mL 浓氨水。静置 1 h 后，倾去上层清液，用蒸馏水反复洗涤沉淀物，直至洗出的水无 Cl^- 为止。然后加蒸馏水至悬浮液体积为 1L。使用前振荡摇匀。

10.5　实验内容

10.5.1　氯化钠标准溶液的配制

用减量法准确称取于 500～600℃下灼烧 40～50min 并冷却至室温的 NaCl 0.44～0.46g，用少量蒸馏水溶解，转移至 100mL 容量瓶中，稀释至刻度。计算此溶液的准确浓度。

10.5.2　硝酸银溶液的配制

称取 $AgNO_3$ 大约为 3.8～4.0g，溶于蒸馏水并稀释至 250mL。如长期保持，需转入棕色试剂瓶中暗处保存。此溶液的浓度大约为 0.08～0.09mol/L 左右。

10.5.3　硝酸银溶液的标定

吸取 3 份 25.00mL 配制好的 NaCl 标准溶液，同时吸取 25.00mL 蒸馏水作空白，分别放入 250mL 锥形瓶中，各加 25mL 蒸馏水和 1 mL K_2CrO_4 指示剂。在不断摇动下用 $AgNO_3$ 溶液滴定至淡桔红色，即为终点。记录 $AgNO_3$ 溶液用量于表 10－1 中。

表 10－1　$AgNO_3$ 标定原始记录

锥形瓶编号	1	2	3	空白
NaCl 标准溶液/mL	25.00	25.00	25.00	0.00
滴定管终读数/mL				
滴定管始读数/mL				
$AgNO_3$ 溶液用量/mL				

10.5.4　水样预处理

(1)如果水样的 pH 值在 6.5～10.5 范围时，可直接滴定；超出此范围的水样应以酚酞作指示剂，用 0.05mol/L H_2SO_4 溶液或 NaOH 溶液调节至 pH≈8.0。

(2)当水样中存在有机物或色度干扰时

取 150mL 水样，放入 250mL 锥形瓶中，加 2mL 氢氧化铝悬浮液，振荡过滤，弃去最初滤液 20mL。如仍不能消除干扰，取适量水样放入坩埚中，调 pH 至 8～9，水浴上蒸干，马弗炉中 600℃灼烧 1h，取出冷却。加入 10mL 蒸馏水溶解，移入 250mL 锥形瓶中，调 pH 至 7 左右，稀释至 50mL。

(3)当水样中存在硫化物、亚硫酸盐或硫代硫酸盐的干扰时

用 NaOH 溶液调水样至中性或弱碱性，加 1mL30% H_2O_2，混匀。1 min 后加热至 70～80℃，除去过量的 H_2O_2。

(4)当水样中高锰酸盐指数大于 15mgO_2/L 时

加入少量 $KMnO_4$，蒸沸。再加数滴乙醇除去过量 $KMnO_4$。然后过滤取样。

10.5.5　水样测定

吸取 25.00mL 水样 3 份和 50.00mL 蒸馏水(作空白试验)分别放入锥形瓶中；加入 1mL K_2CrO_4 溶液，在剧烈摇动下用 $AgNO_3$ 标准溶液滴定至刚刚出现淡橘红色，即为终点。记录 $AgNO_3$ 标准溶液用量于如表 10－2 中。

表 10－2　水样测定原始记录

锥形瓶编号	1	2	3	空白
水样体积/mL	25.00	25.00	25.00	0.00
滴定管终读数/mL				
滴定管始读数/mL				
$AgNO_3$ 溶液用量/mL				

10.6　数据处理

10.6.1　氯化钠标准溶液量浓度的计算

$$C_1 = \frac{W}{58.45 \times 0.100}$$

式中　C_1——氯化钠标准溶液物质的量浓度，mol/L；

W——所称氯化钠的质量，g；

0.100——配制氯化钠标准溶液体积，L；

58.45——氯化钠摩尔质量，g/mol；

10.6.2　硝酸银标准溶液量浓度的计算

$$C=\frac{C_1V_1}{V}$$

式中　V——标定时消耗 $AgNO_3$ 溶液的体积，mL；

C_1——氯化钠标准溶液物质的量浓度，mol/L；

V_1——NaCl 标准溶液的体积，mL；

C——硝酸银标准溶液浓度，mol/L。

10.6.3　氯化物浓度的计算

$$氯化物(Cl^-，mg/L)=\frac{(V_2-V_0)C\times 35.453\times 1000}{V_水}$$

式中　V_2——水样消耗 $AgNO_3$ 标准溶液的体积，mL；

C——$AgNO_3$ 标准溶液物质的量浓度，mol/L；

V_0——空白消耗 $AgNO_3$ 标准溶液的体积，mL；

$V_水$——水样的体积，mL；

35.453——氯离子的摩尔质量，g/mol。

10.6.4　实验结果

实验测定结果列于表 10－3 中。

表 10－3　实验测定结果

锥形瓶编号	1	2	3	空白
$AgNO_3$ 物质的量浓度/(mol/L)				
$AgNO_3$ 平均物质的量浓度/(mol/L)				
$AgNO_3$ 量浓度绝对偏差				
$AgNO_3$ 量浓度平均偏差				
$AgNO_3$ 量浓度相对标准偏差/%				
氯化物/(mg/L)				
氯化物/(mg/L)平均值				
偏差				
平均偏差				
相对标准偏差/%				

10.6.5　写出实验报告

10.7　思考题

(1)硝酸盐滴定法测定水中 Cl^- 时，为什么在中性或弱碱性溶液中进行？

(2)以 K_2CrO_4 作指示剂时，指示剂浓度过高或过低对测定有何影响？

(3)用 $AgNO_3$ 标准溶液滴定 Cl^- 时，为什么必须剧烈摇动？

实验 11　校园湖水溶解氧的测定

11.1　前　言

溶解在水中的分子态氧称为溶解氧。天然水的溶解氧含量取决于水体与大气中氧的平衡。溶解氧的饱和含量和空气中氧的分压、大气压力、水温有密切关系。清洁地面水溶解氧一般接近饱和。由于藻类的生长，溶解氧可能过饱和。水体受有机、无机还原性物质的污染，使溶解氧降低。当大气中的氧来不及补充时，水中溶解氧逐渐降低，以至趋近于零，此时厌氧菌繁殖，水质恶化。废水中溶解氧的含量取决于废水排出前的工艺过程，一般含量较低，差异很大。

测定水中溶解氧常采用碘量法及其修正法和膜电极法。清洁水可直接采用碘量法测定。水样有色或含有氧化性及还原性物质、藻类、悬浮物等干扰测定。氧化性物质可使碘化物游离出碘，产生正干扰；某些还原性物质可把碘还原成碘化物，产生负干扰；有机物(如腐殖酸、丹宁酸、木质素等)可能被部分氧化，产生负干扰。所以大部分受污染的水和工业废水，须采用修正的碘量法或膜电极法测定。

水样中亚硝酸盐氮含量高于 0.05mg/L，二价铁低于 1mg/L 时，采用叠氮化钠修正，此法适用于多数污水及生化处理出水；水样中二价铁高于 1mg/L，采用高锰酸钾修正；水样有色或有悬浮物，采用明矾絮凝修正法；含有活性污泥悬浊物的水样，采用硫酸铜 - 氨基磺酸絮凝修正法。

膜电极法是根据分子氧透过薄膜的扩散速率来测定水中溶解氧，方法简便、快速，干扰少，可用于现场测定。

用碘量法测定水中溶解氧，水样常采集到溶解氧瓶中。采集水样时，要注意不使曝气或有气泡残存在采样瓶中。可用水样冲洗溶解氧瓶后，沿瓶壁直接倾注水样或用虹吸法将细管插入溶解氧瓶底部，注入水样至溢流出瓶容积的 1/3 ~ 1/2 左右。

水样采集后，为防止溶解氧的变化，应立即加固定剂于样品中，并存于冷暗处，记录水温和大气压力。

11.2　实验目的

通过本实验，掌握用碘量法测定溶解氧的经典方法。

11.3　实验原理

在水样中加入硫酸锰和碱性碘化钾溶液，水中溶解氧能迅速将二价锰氧化成四价锰的氢氧化物沉淀。加酸溶解沉淀后，碘离子被氧化析出与溶解氧相当的游离碘。以淀粉为指示剂，标准硫代硫酸钠溶液滴定，计算溶解氧含量。

11.4　仪器和试剂

11.4.1　仪器

电子天平；托盘天平；250mL 碘量瓶、锥形瓶各 2 只；25mL 酸式滴定管；1mL、2mL、5mL 吸量管；100mL 移液管；250mL、500mL 容量瓶。

11.4.2　试剂

(1) 浓硫酸：分析纯。

(2) 饱和硫酸锰溶液：称取 480g $MnSO_4 \cdot 4H_2O$ 或 400g $MnSO_4 \cdot 2H_2O$ 或 350g $MnCl_2 \cdot$

$2H_2O$，溶于蒸馏水中，稀释至1L。

（3）碱性碘化钾溶液：称取500g分析纯NaOH溶于400mL蒸馏水中，称取150g分析纯KI溶于约200mL蒸馏水中，将上述两溶液合并加水稀释至1L，静置24h，倒出上层清液备用[备注①]。

（4）0.5%淀粉溶液：取可溶性淀粉0.5g溶于少量蒸馏水中，用玻璃棒调成糊状，加入100mL蒸馏水，煮沸至透明，冷却后加入0.25g水杨酸以防止腐败。如果此溶液与碘生成紫红色，表示淀粉有部分变质，应重新配制。

（5）碘化钾：分析纯。

（6）$K_2Cr_2O_7$：分析纯。

（7）H_5硫酸（注意：酸加入水中）

11.5 实验内容

11.5.1 0.02500mol/L $K_2Cr_2O_7$标准溶液的配制

将$K_2Cr_2O_7$固体放入180℃烘箱内干燥至恒重。取出，置于干燥器内冷却。准确称取0.3064g $K_2Cr_2O_7$溶于蒸馏水中，转移到250mL容量瓶中，用水稀释至刻度。摇匀。

11.5.2 0.01mol/L $Na_2S_2O_3$溶液的配制

称取1.2～1.3g分析纯$Na_2S_2O_3 \cdot 5H_2O$溶于已煮沸放冷的蒸馏水中，稀释至500mL。加入0.2g Na_2CO_3。储存于棕色瓶内以防分解。

11.5.3 0.01mol/L$Na_2S_2O_3$溶液标定

于250mL锥形瓶内加入1g碘化钾及50mL蒸馏水，再加入10.00mL 0.02500mol/L $K_2Cr_2O_7$标准溶液，加入5mL $1+5H_2SO_4$，摇匀。于暗处静置5min后，用0.01mol/L $Na_2S_2O_3$溶液滴定至溶液变成黄色时，加入8～10滴淀粉指示剂，继续滴加$Na_2S_2O_3$溶液到蓝色刚好褪去为止，记录用量。重复滴定一次。

11.5.4 采样

（1）取样时绝对不能使所采取的水样与空气接触，取样时需用一根橡皮管或玻璃管，一端与水管相接，另一端通入碘量瓶底部，将水注满，并继续从瓶口溢流几分钟，然后迅速盖上玻璃塞。瓶口不能留有空气泡，否则另行取样。

（2）取水样后用移液管加入1mL饱和硫酸锰溶液和2mL碱性碘化钾溶液。必须注意将移液管尖端插入水面以下，不可使移液中的空气注入瓶中，由于试剂重，沉入水底，此时从瓶口能排出少量的水。

（3）立即将瓶塞盖好，此时应注意瓶中决不可留有气泡（若有气泡则实验作废），然后将瓶子上下转动15次以上，使试剂与水样充分混合。

（4）静置溶液，直到生成的沉淀[$Mn(OH)_2$及$MnO(OH)_2$]降至碘量瓶一半时，再次转动，使混合均匀[备注②]。

11.5.5 分析

（1）将瓶再次静置，使沉淀又降至瓶的底部时，用移液管注入5mL浓硫酸[备注③]。将瓶塞盖好，如前法混合均匀，此时沉淀溶解，并有游离I_2析出，使溶液呈深黄色。

（2）用移液管吸取沉淀已完全溶解的水样100.00mL，放入三角瓶中，用$Na_2S_2O_3$标准溶液滴定，当溶液呈淡黄色时再加入8～10滴淀粉[备注④]，继续滴定直到由蓝色刚变成无色，即为终点，纪录用量。

11.5.6 实验原始记录

实验数据记录于表11-1。

表11-1 实验原始记录

	锥形瓶编号	1	2
$Na_2S_2O_3$ 的标定	滴定管终读数/mL		
	滴定管始读数/mL		
	$Na_2S_2O_3$ 溶液用量/mL		
水样测定	取样体积/mL	100.00	100.00
	滴定管终读数/mL		
	滴定管始读数/mL		
	$Na_2S_2O_3$ 溶液用量/mL		

11.6 数据处理

11.6.1 $Na_2S_2O_3$标准溶液浓度计算

$$C = \frac{10.00 \times 0.02500}{V_{Na_2S_2O_3}}$$

式中 C——$Na_2S_2O_3$标准溶液浓度，mol/L；

0.02500——$K_2Cr_2O_7$标准溶液浓度，mol/L；

10.00——$K_2Cr_2O_7$标准溶液浓度体积，mL；

$V_{Na_2S_2O_3}$——滴定时消耗$Na_2S_2O_3$溶液体积，mL。

11.6.2 溶解氧计算

$$溶解氧(mg/L) = \frac{CV \times 8 \times 1000}{V_{水}}$$

式中 C——$Na_2S_2O_3$标准溶液浓度，mol/L；

V——滴定时消耗$Na_2S_2O_3$标准溶液的体积，mL；

$V_{水}$——水样体积，mL。

11.6.3 实验结果(表11-2)

表11-2 实验测定结果

锥形瓶编号	1	2
$Na_2S_2O_3$ 物质的量浓度/(mol/L)		
$Na_2S_2O_3$ 平均物质的量浓度/(mol/L)		
相对标准偏差/%		
溶解氧/(mg/L)		
溶解氧/(mg/L)平均值		
相对标准偏差/%		

11.6.4 写出实验报告

11.7 思考题

(1) 测定水中溶解氧，还有什么方法？简述其测定原理与步骤。

（2）测定水中溶解氧含量为什么必须在取样处完成？如果不能在取样处完成，应该怎么办？

11.8 备　注

（1）如果水样中 NO_2^- 含量大于 0.05mg/L、Fe 含量大于 1mg/L，对测定有干扰，可在试剂 3 中加叠氮化钠(NaN_3)10g。

（2）采样步骤 3 ~4 称为溶解氧固定。水中溶解氧经固定后，可保存数小时而不影响测定结果。如在现场不能滴定，可带回实验室进行测定。生成的棕色沉淀越多，意味着溶解氧越多。可根据颜色的深浅，大致推测溶解氧的含量。

（3）加入硫酸后，盖上瓶塞，则会溢流出少量液体，但因溶解氧已在瓶底部生成沉淀而被固定，因此并不影响测定结果。

（4）淀粉和 I_2 生成蓝色吸附化合物。滴定前溶液呈棕色，I_2 量较多。如这时加入淀粉指示剂，由于 I_2 和淀粉生成的化合物不易褪色，终点变色不敏锐。所以要先滴定至溶液呈黄色，I_2 较少，再加淀粉指示剂。到达终点时，溶液由明显的蓝色变为无色。

实验 12　校园湖水色度的测定

12.1 前　言

纯水为无色透明。清洁水在水层浅时应为无色，深层为浅蓝绿色。天然水中存在腐殖质、泥土、浮游生物、铁和锰等金属离子，均可使水体着色。

纺织、印染、造纸、食品、有机合成工业的废水中，常含有大量的染料、生物色素和有色悬浮微粒等。因此常常是使环境水体着色的主要污染源。有色废水常给人以不愉快感，排入环境后又使天然水着色，减弱水体的透光性，影响水生生物的生长。

水的颜色可区分为“真色”和“表色”两种。“真色”是指去除浊度后水的颜色，测定真色时，如水样浑浊，应放置澄清后，取上清液或用孔径为 0.45μm 滤膜过滤，也可经离心后测定，但不能用滤纸过滤，因滤纸可吸附部分溶解于水的颜色。没有去除悬浮物的水所具有的颜色，包括了溶解性物质及不溶解悬浮物所产生的颜色，称为“表色”。测定未经过滤或离心的原始水样的颜色，即称为测定“表色”。对于清洁的或浊度很低的水，水的真色和表色相近。对着色很深的工业废水，其颜色主要由于胶体和悬浮物所造成，故可根据需要测定“真色”或“表色”。

测定较清浩的、带有黄色色调的天然水和饮用水的色度，用铂钴标准比色法，以度表示结果。此法操作简便，标准色列的色度稳定，易保存。

对受工业废水污染的地面水和工业废水，可用文字描述颜色的种类和深浅程度，并以稀释倍数法测定色的强度。

要注意水样的代表性。所取水样应为无树叶、枯枝等杂物。将水样盛于清洁、无色玻璃瓶内，尽快测定。否则应保存于 4℃，在 48h 内测定。

如测定水样的真色，应放置澄清取上清液，或用离心法去除悬浮物后测定，如测定水样的表色，待水样中的大颗粒悬浮物沉降后，取上清液测定。

如果样品中有泥土或其他分散很细的悬浮物，虽经预处理而得不到透明水样时，则只测其表色。

12.2 实验目的

通过校园湖水色度的采样与测定，掌握目视比色法的原理及其适用范围。

12.3 实验原理

铂钴比色法用于测定天然和轻度污染水。

用氯铂酸钾与氯化钴配成标准色列，与水样进行目视比色。每升水样含有 1mg 铂和 0.5mg 钴时所具有的颜色，称为 1 度，作为标准色度单位。因氯铂酸钾试剂价格昂贵，本实验采用重铬酸钾代替氯铂酸钾配置标准色列。

12.4 仪器与试剂

12.4.1 仪器

电子天平；托盘天平；50mL 具塞比色管，其刻线高度应一致；1mL、2mL、5mL 吸量管；500mL 容量瓶。

12.4.2 试剂

(1) 重铬酸钾：分析纯。

(2) 硫酸钴($CoSO_4 \cdot 7H_2O$)：分析纯。

12.5 实验内容

12.5.1 水样的采集

用玻璃瓶采集校园湖水水样 250mL，如果当天不能测定在 2 ~5℃冷藏。

12.5.2 色度标准溶液的配制

称取 0.0437g 重铬酸钾和 1.000g 硫酸钴($CoSO_4 \cdot 7H_2O$)，溶于少量水中，加入 0.5mL 硫酸，用水稀释至 500mL。此溶液的色度为 500 度。不易久存。

12.5.3 标准色度系列的配制

向 50mL 比色管中分别加入 1.0mL、2.0mL、3.0mL、4.0mL、5.0mL 铂钴标准溶液，用水稀释至刻度，混匀。各管的色度依次为 10°、20°、30°、40°、50°。

12.5.4 水样测定

取 50mL 湖水水样于比色管中，将水样与标准色列目视比较。观察时，将比色管置于白瓷板或白纸上，使光线从底部向上透过光柱，目光自管口垂直向下观察，记下与水样色度相同的铂钴标准色列的色度。如果水样恰在两个标准色列之间，则取两者数值之间的估计值。

12.6 数据处理

实验结果记录于表 12 -1。

表 12 -1 实验测定结果

标准溶液/mL	1.0	2.0	3.0	4.0	5.0	6.0	水样色度
色 度							

12.7 思考题

(1) 什么叫真色？什么叫表色？本实验测定的是什么？

(2) 色度的测定常用哪几种方法？

实验13　校园湖水高锰酸盐指数的测定

13.1　前　言

高锰酸盐指数，是指在一定条件下，以高锰酸钾为氧化剂，处理水样时所消耗的量，以氧的 mg/L 来表示。水中的亚硝酸盐、亚铁盐、硫化物等还原性无机物和在此条件下可以被氧化的有机物，均可消耗高锰酸钾。因此，高锰酸盐指数常被作为水体受还原性有机（和无机）物质污染程度的综合指标。

我国规定了环境水质的高锰酸盐指数的标准。

高锰酸盐指数在以往的水质监测分析书上，亦有被称为化学需氧量的高锰酸钾法。由在规定条件下，水中有机物只能部分被氧化，并不是理论上的需氧量，也不是反映水体中总有机物含量的尺度。因此，用高锰酸盐指数这一术语作为水质的一项指标，以有别于高锰酸钾法的化学需氧量（应用于工业废水），更符合于客观实际。

高锰酸盐指数是一个相对的条件性指标，其测定结果与溶液的酸度、高锰酸盐浓度、加热温度和时间有关。因此，测定时必须严格遵守操作规定，使结果具可比性。

当水样中氯化物浓度大于 300mg/L，在硫酸的酸性条件下，氯化物可以被高锰酸钾氧化，这样会使测定结果偏高，可加蒸馏水稀释水样，使氯化物浓度降低后再进行测定。

水样采集后，应加入硫酸使 pH 调至小于 2，以抑制微生物活动。样品应尽快分析，必要时，应在 0～5℃冷藏保存，并在 48h 内测定。

13.2　实验目的

（1）学会高锰酸钾 $KMnO_4$ 标准溶液的配制与标定；

（2）掌握水中高锰酸盐指数的测定原理和方法。

13.3　实验原理

水样在酸性条件下，高锰酸钾 $KMnO_4$ 将水样中的某些有机物及还原性的物质氧化，剩余的 $KMnO_4$ 用过量的草酸钠 $Na_2C_2O_4$ 还原，再以 $KMnO_4$ 标准溶液回滴剩余的 $Na_2C_2O_4$，根据加入过量 $KMnO_4$ 和 $Na_2C_2O_4$ 标准溶液的量及最后 $KMnO_4$ 标准溶液的用量，计算高锰酸盐指数，以 mg O_2/L 表示。

13.4　仪器与试剂

13.4.1　仪器

（1）25mL 酸式滴定管；100mL、250mL 容量瓶；5mL、10mL、25mL 移液管。

（2）250mL 锥形瓶；5mL 吸量管。

（3）沸水浴装置。

（4）电炉；电子天平。

13.4.2　试剂

（1）高锰酸钾：分析纯。

（2）草酸钠：分析纯。

(3) (1+3)硫酸。

13.5 实验内容

13.5.1 0.5000mol/L $Na_2C_2O_4$溶液的配制

称取0.3352g在105～110℃烘1h并冷却的草酸钠($Na_2C_2O_4$)溶于水，移入100mL容量瓶中，用水稀释至刻度。此溶液的浓度是0.5000 mol/L。

13.5.2 0.0100 mol/L $Na_2C_2O_4$溶液的配制

吸取5.00mL浓度为0.1000mol/L $Na_2C_2O_4$溶液，移入250mL容量瓶中，用水稀释至刻度。

13.5.3 0.1 mol/L 高锰酸钾溶液的配制

称0.33g $KMnO_4$溶于120mL蒸馏水中，煮沸，使体积减少至100mL左右。放置过夜，用玻璃砂芯漏斗过滤后，滤液储于棕色瓶中，避光保存。

13.5.4 0.01 mol/L $KMnO_4$溶液的配制

吸取25.0mL0.1 mol/L $KMnO_4$溶液于250mL容量瓶中，用水稀释至刻度，混匀，贮于棕色瓶中，避光保存。此溶液约为0.01 mol/L，使用当天应标定其准确浓度。

13.5.5 0.01 mol/L $KMnO_4$溶液的标定

将50mL蒸馏水和5mL(1+3)H_2SO_4依次加入250mL锥形瓶中，然后用移液管加10.00mL 0.0100mol/L $Na_2C_2O_4$标准溶液，加热至70～85℃，用0.01 mol/L $KMnO_4$溶液滴定至溶液由无色至刚刚出现浅红色为滴定终点。记录0.01mol/L $KMnO_4$溶液用量。共做三份。

13.5.6 水样测定

(1) 取样：清洁透明水样取100mL，浑浊水10～25mL，加蒸馏水稀释至100mL。将水样放入250mL锥形瓶中。共3份。

(2) 加入5mL(1+3)H_2SO_4，用滴定管准确加入10mL 0.01 mol/L $KMnO_4$溶液(V_1)，并投入几粒玻璃珠，加热至沸腾，从此时准确煮沸10min。若溶液红色消失，说明水中有机物含量太多，则另取较少量水样用蒸馏水稀释2～5倍(至总体积100mL)。再按步骤(1)、(2)重做。

(3) 煮沸10min后趁热用移液管准确加10.00 mL 0.01mol/L $Na_2C_2O_4$溶液(V_2)，摇匀，立即用0.01mol/L $KMnO_4$溶液滴定至显微红色。记录消耗$KMnO_4$溶液的量(V_{11})。

13.5.7 原始记录

实验原始数据记录于表13-1、表13-2。

表13-1 标定高锰酸钾原始记录

锥形瓶编号	1	2	3
草酸钠标准溶液加入量 V/mL			
高锰酸钾溶液滴定初始读数/mL			
高锰酸钾溶液滴定终点读数/mL			
高锰酸钾标准溶液用量 V_3/mL			

表 13-2　水样测定原始记录

锥形瓶编号	1	2	3
草酸钠标准溶液加入量 V_2/mL			
高锰酸钾标准溶液加入量 V_1/mL			
高锰酸钾溶液滴定初始读数/mL			
高锰酸钾溶液滴定终点读数/mL			
高锰酸钾标准溶液用量 V_{11}/mL			

13.6　数据处理

13.6.1　高锰酸钾标准溶液浓度的计算

$$C_1 = \frac{0.0500 \times V}{V_3}$$

式中　C_1——高锰酸钾标准溶液的浓度，mol/L；

V_3——标定时消耗高锰酸钾标准溶液的总量，mL；

V——标定时加入草酸钠标准溶液的总量，mL；

0.0100——草酸钠标准溶液的浓度，mol/L。

13.6.2　高锰酸盐指数的计算

$$\text{高锰酸盐指数}(O_2, mg/L) = \frac{[(V_1 + V_{11})C_1 - C_2V_2] \times 8 \times 1000}{V_{水}}$$

式中　C——高锰酸钾标准溶液浓度，mol/L；

V_1——开始加入高锰酸钾标准溶液的量，mL；

V_{11}——最后滴定高锰酸钾标准溶液的量，mL；

C_2——草酸钠标准溶液的浓度，mol/L；

V_2——加入草酸钠标准溶液的量，mL；

8——1/2O 的摩尔质量，g/mol；

$V_{水}$——水样的体积，mL。

13.6.3　实验结果(表 13-3)

表 13-3　高锰酸钾标定结果

锥形瓶编号	1	2	3
草酸钠标准溶液加入量 V/mL			
高锰酸钾溶液滴定初始读数/mL			
高锰酸钾溶液滴定终点读数/mL			
高锰酸钾标准溶液用量/mL			
高锰酸钾标准溶液物质的量浓度/(mol/L)			
高锰酸钾标准溶液物质的量浓度/(mol/L)			
绝对偏差			
平均偏差			
相对平均偏差			

表 13-4 水样测定结果

锥形瓶编号	1	2	3
草酸钠标准溶液加入量 V_2/mL			
高锰酸钾标准溶液加入量 V_1/mL			
高锰酸钾溶液滴定初始读数/mL			
高锰酸钾溶液滴定终点读数/mL			
高锰酸钾标准溶液用量 V_{11}/mL			
高锰酸盐指数/(mg O_2/L)			
高锰酸盐指数平均浓度/(mg O_2/L)			
绝对偏差			
平均偏差			
相对平均偏差			

13.6.4 写出实验报告

13.7 思考题

(1) 在高锰酸盐指数的实际测定中，往往引入高锰酸钾标准溶液的校正系数 K，简述它的测定方法。说明 K 与高锰酸钾标准溶液的浓度 C 之间的关系。

(2) 如果水样中 Cl^- 的浓度大于 300mg/L 时干扰测定，应如何测定可防止干扰？

实验 14 校园湖水五日生化需氧量(BOD_5)的测定(设计性实验)

14.1 实验目的

(1)训练学生运用已学习过的相关知识、水分析化学基本原理以及有关实验技能，通过查阅有关的参考资料，拟定实验方案并进行实验的能力。

(2)掌握稀释接种法测定 BOD_5 的原理和方法。

14.2 要求学生实验前进行的工作

14.2.1 文献查阅，回答下列问题

(1)水中生化需氧量的测定方法有几种？各分析方法测定原理是什么？

(2)如何获得接种水？

(3)稀释水如何制备？

(4)如何确定稀释比？

(5)实验结果如何计算？写出计算公式。

(6)测定 BOD 的水样应该如何采集？如何保存？

14.2.2 实验方案的制定

(1)确定采样点，准备采样和实验所需要的仪器；

(2)了解试剂的规格和浓度，以及配制方法、需要溶液的体积(为了顺利进行实验，配制药品时，既要保证配制溶液浓度、体积满足实验要求，又不要称量过多，以免浪费药品，污染环境)；

(3)写出详细的实验步骤，包括标准溶液的标定；

(4)明确实验注意事项；

(5)写出准备工作所涉及的参考文献。

14.3　学生实验报告要求

(1)拟定好实验方案交指导教师批阅后，方可进行实验。

(2)在实验结束后，提交实验报告。实验报告的内容除包括实验方案中的5条外，还需增加以下2条内容：

①实验原始数据、实验现象、实验数据处理和实验结果；

②对实验现象的讨论和对设计方案和实验结果的评价。

第三章 仪器分析实验

实验15 水中pH值的测定

15.1 前 言

pH值为水中氢离子活度的负对数。

$$pH = -\lg\alpha_{H^+}$$

pH值可间接地表示水的酸碱程度。天然水的pH值多在6~9范围内。pH值是水化学中常用的和最重要的检验项目之一。由于pH值受水温影响而变化，测定时应在规定的温度下进行，或者校正温度。通常采用玻璃电极法和比色法测定pH值。比色法简便，但受色度、浊度、胶体物质、氧化剂、还原剂及盐度的干扰。玻璃电极法基本上不受以上因素的干扰。然而，pH在10以上时，产生“钠差”，读数偏低，需选用特制的“低钠差”玻璃电极，或使用与水样的pH值相近的标准缓冲溶液对仪器进行校正。

本实验采用玻璃电极法对水样的pH进行测定，测定前先使用缓冲溶液对仪器进行校正。测定水样条件应与仪器校正条件一致。仪器校正后，测定过程中不能改变条件。

使用玻璃电极前，应将玻璃电极的球泡部位浸在蒸馏水中24h以上。如果在50℃蒸馏水中浸泡2h，冷却至室温后可当天使用。不用时也需浸在蒸馏水中。

安装时注意切勿使球泡与硬物接触，防止触及杯底而损害。

测定时，注意磁力搅拌子要与电极的球泡部位有一定的距离，搅拌速度不要过快，以免打坏电极。

15.2 实验目的

（1）通过实验加深理解pH计测定溶液pH值的原理；

（2）掌握pH计测定溶液pH值的方法。

15.3 实验原理

电位法测定溶液的pH值，是以玻璃电极为指示电极(－)，饱和甘汞电极为参比电极(＋)组成原电池。25℃时，溶液的pH值变化1个单位时，电池的电极电位改变59.0mV。实际测量中，选用pH值与水样pH值接近的标准缓冲溶液，校正pH计(又叫定位)，并保持溶液温度恒定，以减少由于液接电位、不对称电位及温度等变化而引起的误差，测定水样之前，用两种不同pH值的缓冲溶液校正，如用一种pH值的缓冲溶液定位后，再测定相差约3个pH单位的另一缓冲溶液的pH时，误差应在±0.1pH之内。

校正后的pH计，可以直接测定水样或溶液的pH值。

15.4 仪器与试剂

（1）仪器：PHB－9901测试仪。

（2）试剂：0.05mol/L邻苯二甲酸氢钾标准缓冲溶液，0.025mol/L混合磷酸盐缓冲溶液。100mL烧杯

15.5　实验内容

15.5.1　仪器校正

按照仪器使用说明书的操作方法(见附录5)用 pH =6.86 和 pH =4.00 的 pH 值标准缓冲溶液对仪器进行校正。

15.5.2　水样测定

用蒸馏水冲洗电极 3 ~5 次，用滤纸吸干，然后将电极放入水样中。

测定水样 pH 值，测定 2 次。

测定完毕，清洗干净电极，把电极浸泡在蒸馏水中。

15.5.3　实验数据记录(表 15 –1)。

15.5.4　写出实验报告

表 15 –1　实验测定结果

编　　号	pH(第 1 次测定结果)	pH(第 2 次测定结果)
水样 1		
水样 2		

15.6　思考题

(1) 从原理上解释 pH 计在使用前为什么要校正?

(2) 一种缓冲溶液是一个共轭酸碱的混合物，为什么邻苯二甲酸氢钾、四硼酸钠、二草酸三氢钾等可作为缓冲溶液?

实验 16　自来水中氟离子的测定

16.1　前　言

氟(F)是人体必需的微量元素之一，缺氟易患龋齿病，饮水中含氟的适宜浓度为 0.5 ~1.0mg/L(F^-)。当长期饮用含氟量高于 1.0 ~1.5mg/L 的水时，则易患斑齿病，如水中含氟量高于 4mg/L 时，则可导致氟骨病。

氟化物广泛存在于自然水体中。有色冶金、钢铁和铝加工、焦炭、玻璃、陶瓷、电子、电镀、化肥、农药厂的废水及含氟矿物的废水中常常都存在氟化物。

水中氟化物的测定方法主要有：氟离子选择电极法，氟试剂比色法，茜素磺酸锆比色法和硝酸钍滴定法。氟离子选择电极法选择性好，适用范围宽，水样浑浊，有颜色均可测定，测量范围 0.05 ~1900mg/L。比色法适用于含氟较低的样品，氟试剂比色法可以测定 0.05 ~1.8mg/L(F^-)。茜素磺酸锆目视比色法可以测定 0.1 ~2.5mg/L(F^-)，由于是目视比色，误差比较大。氟化物含量大于 5mg/L 时可以用硝酸钍滴定法。对于污染严重的生活污水和工业废水以及含氟硼酸盐的水样要进行预蒸馏。

应使用聚乙烯瓶采集和储存水样。如果水样中氟化物含量不高，pH 值在 7 以上，也可以用硬质玻璃瓶储存。

对游离 F^- 测定有干扰的主要离子是 OH^-，因此被测试液的 pH 值应该保持在 5 ~6 之间。在 pH 值较低时游离的 F^- 形成 HF 分子，电极不能响应。pH 值过高则 OH^- 有干扰。此外，能与 F^- 生成稳定配合物或难溶化合物的元素也会干扰测定，通常可加掩蔽剂消除其干扰，因此，为了测定 F^- 的浓度，常在标准溶液与试样溶液中，同时加入足够量的相等的离子强度缓冲溶液以控制一定的离子强度和酸度，以消除其他离子干扰。

本实验采用氟离子选择电极法测定自来水中氟离子。安装电极时注意切勿使电极与硬物接触，防止触及杯底而损害；测定时，注意磁力搅拌子要与电极的球泡部位有一定的距离，搅拌速度不要过快，以免打坏电极；氟离子选择复合电极使用前，需用蒸馏水浸泡活化过夜或在 0.1mol/L NaF 溶液中浸泡 1 ~ 2h，再用蒸馏水洗至空白电位 300mV 左右，方可使用。电极的单晶薄膜切勿用手指或尖硬的东西碰划，以免损坏或沾上油污影响测定。使用后需用蒸馏水冲洗干净，然后浸入水中，长时间不用时，吹干保存。

16.2 实验目的

(1) 掌握水中 F^- 测定的原理和方法；

(2) 学会用标准曲线法测定水中氟含量；

(3) 进一步掌握酸度计的使用方法。

16.3 实验原理

将氟离子选择复合电极浸入欲测含氟溶液，构成原电池。该原电池的电动势与氟离子活度的对数呈线性关系，

$$E = b - 0.0529\ \lg\alpha_{F^-}$$

式中，b 在一定条件下为一常数。故通过测量电极与已知氟离子浓度溶液组成原电池的电动势与待测 F^- 浓度溶液组成原电池电动势，即可计算出待测水样中氟离子浓度。

常用的定量方法是标准曲线法和标准加入法。

标准曲线法是在测定未知液之前，先将氟离子选择复合电极浸入一系列含有不同浓度的待测离子(含有离子强度缓冲溶液)的标准溶液中，测定它们的电动势 E，并画出 $E - \lg C_{F^-}$ 图，在一定浓度范围内它是一条直线。然后用同一电极测定待测的未知溶液(含有与标准溶液浓度相同的离子强度缓冲溶液)的电动势 E_X。从 $E - \lg C_{F^-}$ 图上找出与 E 相应的 $\lg C_{F^-}$，即可以计算出自来水中 F^- 的浓度。

16.4 实验仪器与试剂

16.4.1 仪器

(1) PHB - 9901 测试仪。

(2) 氟离子选择复合电极。

(3) 磁力搅拌器、搅拌子。

(4) 电子天平。

(5) 托盘天平。

(6) 100mL 容量瓶。

(7) 1mL、2mL、5mL、10mL、20mL 移液管。

16.4.2 试剂

(1) 氟化钠(NaF)：分析纯。

(2) 二水合柠檬酸钠：分析纯。

(3) 硝酸钠：分析纯。

(4) 盐酸：1mol/L。

16.5 实验内容

16.5.1 氟化物标准溶液的配制

(1) 氟化物标准储备液的配制

称取0.1105g基准氟化钠(预先与105～110℃烘干2h，或者与500～650℃烘干40min，冷却)用水溶解后转入500mL容量瓶中，稀释至刻度，摇匀。储存在聚乙烯瓶中。此溶液每毫升含氟离子100μg。

(2) 氟化物标准使用液的配制

用移液管吸取氟化物标准储备溶液10.00mL，注入100 mL容量瓶中，稀释至刻度，摇匀。此溶液每毫升含氟离子10μg。

16.5.2 总离子强度调节缓冲溶液(TISAB)的配制

称取5.88g二水合柠檬酸钠和8.5g硝酸钠，加水溶解，转入100mL容量瓶中，用盐酸调节pH至5～6，稀释至刻度，摇匀。

16.5.3 标准曲线的绘制

用移液管分别吸取1.00mL、3.00mL、5.00mL、10.00mL、20.00mL氟化物标准使用液，分别置于5个100mL容量瓶中，加入10mL总离子强度调节缓冲溶液(TISAB)，用水稀释至刻度，摇匀。分别移入100mL烧杯中，各放入一只搅拌子，按浓度由低到高的顺序，依次插入电极，连续搅拌溶液，读取搅拌状态下的稳定电位值(E)。在每次测定之前，都要用水将电极冲洗干净，并用滤纸吸去水分。具体操作详见附录6。在坐标纸上绘制$E-\lg C_{F^-}$标准曲线，最低浓度标于横坐标的起点上。

16.5.4 水样的测定

取100mL容量瓶，加入10mL总离子强度调节缓冲溶液(TISAB)，用自来水稀释至刻度，摇匀。将其转移至100mL烧杯中，放入一只搅拌子，插入电极，连续搅拌溶液，读取搅拌状态下的稳定电位值(E)。在每次测量之前，都要用水充分洗涤电极，并用滤纸吸去水分。

16.5.5 实验数据记录(表16-1)。

表16-1 标样与水样原始记录

加入NaF/mL	1.00	3.00	5.00	10.00	20.00	水样1	水样2
E/mV							

16.6 数据处理

16.6.1 标准曲线的绘制

以$\lg C_{F^-}$为横坐标，E为纵坐标绘制标准曲线(表16-2)。

表16-2 标准曲线绘制

NaF/mL	1.00	3.00	5.00	10.00	20.00
C_{F^-}/(μg/mL)					
$\lg C_{F^-}$					
E/mV					

16.6.2 水样的计算

根据测定的E值，可知水样的$\lg C_{F^-}$，值，计算出水样氟离子浓度。

16.7 思考题

(1) 测定 F^- 时所谓的 TISAB 是什么？它包含哪些成分？各组分的作用是什么？

(2) 测定 F^- 时，为什么必须按溶液从稀到浓的次序进行？

实验 17 水中铁的测定与条件选择

17.1 前 言

地壳中含铁量(Fe)约为5.6%，分布很广，但天然水体中铁含量并不高。实际水样中铁的存在形态是多种多样的，可以在真溶液中以简单的水合离子和复杂的无机、有机络合物形式存在。也可以存在于胶体、悬浮物和颗粒物中，可能是二价，也可能是三价。而且水样暴露于空气中，二价铁易被迅速氧化为三价，样品 pH > 3.5 时，易导致高价铁的水解沉淀。样品在保存和运输过程中，水中细菌的繁殖也会改变铁的存在形态。样品的不稳定性和不均匀性对分析结果影响颇大，因此必须仔细进行样品的预处理。

铁及其化合物均为低毒性和微毒性，含铁量高的水往往带黄色，有铁腥味。作为印染、纺织、造纸等工业用水时，则会在产品上形成黄斑，影响质量，因此这些工业用水的铁含量必须在0.1mg/L以下。水中铁的污染来源主要是选矿、冶炼、炼铁、机械加工、工业电镀、酸洗废水等。

铁测定方法有原子吸收法、邻菲啰啉光度法、EDTA 络合滴定法等。原子吸收法操作简单、快速、结果的精密度、准确度好，适用于环境水样和废水水样的分析；邻菲啰啉光度法灵敏、可靠，适用于清洁环境水样和轻度污染水的分析；对于污染严重，含铁量高的废水，可用 EDTA 络合滴定法，避免高倍数稀释操作引起的误差。

测总铁，在采样后立刻用盐酸酸化至 pH = 1 保存；测过滤性铁，应在采样现场经0.45μm 的滤膜过滤，滤液用盐酸酸化至 pH = 1；测亚铁的样品，最好在现场显色测定。

在建立一个新的光度法时，必须进行一系列试验，包括显色化合物的吸收光谱曲线(简称吸收光谱)的绘制、选择合适的测定波长、显色剂浓度和溶液 pH 的选择及显色化合物的影响等，以使测定结果有较高的灵敏度和准确度；此外，还要研究显色化合物符合朗伯－比尔定律的范围、干扰离子的影响及其排除方法等。

(1) 入射光波长的选择　为了使测定结果有较高的灵敏度，应选择被测物质的最大吸收波长的光作为入射光。这样，不仅灵敏度高，准确度也好。当有干扰物质存在时，不能选择最大吸收波长，可根据“吸收最大，干扰最小”的原则来选择入射光波长。

(2) 显色剂用量的选择　加入过量显色剂，能保证显色反应进行完全，但过量太多，也会带来副反应。例如，增加了空白溶液的颜色，改变了组成等。显色剂的合适用量可通过实验来确定。由一系列被测元素浓度相同，不同显色剂用量的溶液，分别测其吸光度，作吸光度－显色剂用量曲线，找出曲线平坦部分，选择一个合适用量即可。

(3) 有色配合物的稳定性　有色配合物的颜色应当稳定足够的时间，至少应保证在测定过程中吸收度不变，以保证测定结果的准确度。

(4) 溶液酸度的选择　因为许多有色物质其颜色随溶液的 pH 值而改变，例如酸碱指示剂的颜色与 pH 有关。某些金属离子在酸度较低时，会产生水解，影响测定。另一些显色剂阴离子在较高氢离子浓度下，会与 H^+ 结合而降低显色剂浓度等。选择合适的酸度，可以在不同 pH 值的缓冲溶液中，加入等量被测离子和显色剂，测其吸光度，由 $A-pH$ 图中寻找合适的 pH 范围。

（5）干扰的排除　当被测组分与其他干扰组分共存时，必须采取适当措施排除干扰。一般采取以下措施：①利用被测组分与干扰物化学性质的差异，可控制酸度、加掩蔽剂、氧化剂等办法消除干扰；②选择合适的入射光波长，避开干扰物引入的吸光度误差；③采取合适的参比溶液来抵消其他组分或试剂在测定波长下的吸收。

本实验利用分光光度计能连续变换波长的性能，测定邻二氮菲 - Fe^{2+} 的吸收光谱，并对相关测定条件进行考察。邻二氮菲 - Fe^{2+} 吸收光谱中的 λ_{max} 确定后，还需掌握在 λ_{max} 处显色剂用量、溶液 pH、显色时间、显色温度、显色化合物的稳定性以及溶液酸度的影响等，此外还要了解测定方法的适用范围、准确度、灵敏度等。本实验以水中微量铁（Fe^{2+}）与邻二氮菲反应的几个条件试验为例，学会如何确定测定条件和研究分光光度的方法。

17.2　实验目的

（1）熟悉分光光度计的使用方法；

（2）熟悉测绘吸收光谱的一般方法；

（3）学会吸收光谱法中测定条件的选择方法；

（4）掌握用分光光度法测定铁的原理及方法。

17.3　实验原理

邻二氮菲是测定铁的一种很好的显色剂，在 pH 2 ~ 9 时（一般维持 5 ~ 6），它与二价铁生成稳定的红色配合物：

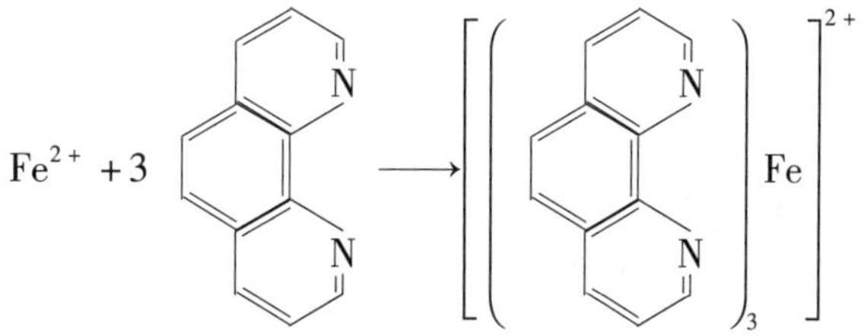

其中，$\lg K_{稳}=21.3$，在 508nm 下摩尔吸光系数 $\varepsilon=1.1\times10^4 L/(mol\cdot cm)$。

用标准曲线法可求得水样中 Fe^{2+} 的含量。用盐酸羟胺将 Fe^{3+} 还原为 Fe^{2+}，用邻二氮菲作显色剂，可测定试样中总铁、Fe^{3+} 和 Fe^{2+} 各自含量。

$$2Fe^{3+}+2NH_2OH\cdot HCl \longrightarrow 2Fe^{2+}+N_2\uparrow+4H^++2H_2O+2Cl^-$$

本法选择性高，相当于铁量 40 倍的 Sn^{2+}、Al^{3+}、Ca^{2+}、Mg^{2+}、Zn^{2+}、Si^{2+}，20 倍的 Cr^{6+}、V^{5+}、P^{5+}，5 倍的 Co^{2+}、Ni^{2+}、Cu^{2+}，都不干扰测定。

17.4　仪器与试剂

17.4.1　仪器

721 可见分光光度计，电子天平、托盘天平、pH 计、100mL、250mL 容量瓶，50mL 具塞磨口比色管，1 mL、2 mL、5mL 吸量管，坐标纸。

17.4.2　试剂

（1）硫酸亚铁铵［$(NH_4)_2Fe(SO_4)_2\cdot 6H_2O$］：分析纯。

（2）盐酸羟胺（$NH_2OH\cdot HCl$）水溶液：质量分数 10%，新鲜配制。

（3）邻二氮菲水溶液：质量分数 0.15%，配制后放入冰箱内保存。

(4) 乙酸钠：分析纯。

(5) 冰乙酸：分析纯。

(6) NaOH：1mol/L。

(7) 含铁水样：总铁含量在5~10mg/L。

17.5 实验内容

17.5.1 铁标准溶液的配制

(1) 铁标准储备液(Fe^{2+} =250μg/mL)的配制

准确称取0.1756g分析纯硫酸亚铁铵[$(NH_4)_2Fe(SO_4)_2 \cdot 6H_2O$]放入烧杯中，加入50mL蒸馏水后，再加入1.0mL浓HCl，溶解后移入100 mL容量瓶中，用去离子水稀释至刻度，混匀。Fe^{2+}的量浓度为4.48×10^{-3}mol/L。

(2) 铁标准使用溶液(Fe^{2+} =25μg/mL)的配制

用移液管取10.00mL浓度为250μg/mL铁标准溶液至100mL容量瓶中，用去离子水稀释至刻度。此溶液铁含量为25μg/mL。

17.5.2 缓冲溶液(pH=4.6)的配制

将17g乙酸钠溶于约100mL蒸馏水中，加入7.2mL冰乙酸稀释至250mL。

17.5.3 吸收光谱的绘制

(1) 吸取3.00mL铁标准溶液(Fe^{2+} =25μg/mL)，同时取3.00mL去离子水(空白试验)分别放入50mL比色管中，加入1.0mL 10% $NH_2OH \cdot HCl$溶液，混匀。放置2min后，加入2.0mL 0.15%邻二氮菲水溶液和5.0mL缓冲溶液，用水稀释至刻度，混匀。放置10min。

(2) 在721型分光光度计上，将邻二氮菲-Fe^{2+}和空白溶液分别盛与1cm的比色皿中，安放于仪器中比色皿架上。按仪器的使用方法进行操作(见附录7)，从450~560nm，每隔10nm测定一次。每次用空白溶液调零，测定邻二氮菲-Fe^{2+}溶液的吸光度值。

吸收峰510nm附近，再每隔2nm测定一点。

用表17-1记录不同波长处的吸光度值。

表17-1 吸收光谱记录

波长 λ/nm	450	460	470	480	490	500	510	520	530	540	550	560
吸光度值 A												
波长 λ/nm	502	504	506	508	510	512	514	516	518			
吸光度值 A												

17.5.4 显色剂用量的确定

(1) 依次吸取3.00mL铁标准溶液(Fe^{2+} =25μg/mL)和1mL 1.0mL 10% $NH_2OH \cdot HCl$溶液各7份，放入7个50mL比色管中，混匀。放置2min后，分别加入加入0.0(空白)，0.10，0.30，0.50，1.00，2.00及4.00mL 0.15%邻二氮菲水溶液和5.0mL缓冲溶液，用水稀释至刻度，混匀。放置10min。

(2) 在721型分光光度计上，用1cm的比色皿，以不含显色剂溶液为空白，在λ_{max}处测定吸光度值，用表17-2记录吸光度测定结果。

17.5.5 显色时间的确定

(1) 吸取3.00mL铁标准溶液(Fe^{2+} =25μg/mL)，同时取3.00mL去离子水(空白试验)

分别放入 50mL 比色管中，加入 1.0mL 10% $NH_2OH \cdot HCl$ 溶液，混匀。放置 2min 后，加入 2.0 mL 0.15% 邻二氮菲水溶液和 5.0mL 缓冲溶液，用水稀释至刻度，混匀。

(2) 立即在所选定的 λ_{max} 处，用 1cm 的比色皿，以空白溶液作参比，测定吸光度，然后测量放置 5min、10min、20min、30min、40min 相应的吸光度值，用表 17-3 记录吸光度测定结果。

表 17-2　显色剂用量的确定

0.15% 邻二氮菲/mL	0.10	0.30	0.50	1.0	2.0	4.0
吸光度值 A						
适宜的显色剂用量/mL						

表 17-3　显色时间的确定

显色时/min	立即测定	5	10	20	30	40
吸光度值 A						
适宜的显色时间/min						

17.5.6　溶液酸度的选择

(1) 吸取 3.00mL 铁标准溶液(Fe^{2+} = 25μg/mL)，分别放入 8 个 50mL 比色管中，各加入 1.0mL 10% $NH_2OH \cdot HCl$ 溶液，混匀。放置 2min 后，再各加入 2.0 mL 0.15% 邻二氮菲水溶液，混匀。分别加入 1mol/L NaOH 溶液 0、0.2mL、0.5 mL、1.0 mL、2.0 mL、2.5mL、3.0 mL 用水稀释至刻度，混匀。放置 10min。

(2) 在 721 型分光光度计上，用 1cm 的比色皿，以蒸馏水为空白，在 λ_{max} 处测定吸光度值，用表 17-4 记录吸光度测定结果。

表 17-4　标准曲线绘制(终体积 50mL，Fe^{2+} = 25μg/mL)

NaOH/mL	0.0	0.2	0.5	1.0	1.5	2.0	2.5	3.0
pH 值								
吸光度值 A								
适宜的 pH 值								

(3) 用 pH 计测定上述各溶液的 pH 值。

17.5.7　标准曲线的绘制

(1) 用吸量管准确吸取铁标准溶液(Fe^{2+} = 25μg/mL) 0.00(空白试验)、1.00mL、2.00mL、3.00mL、4.00mL 和 5.00mL，分别放入 6 个 50mL 比色管中。各加入 1.0mL 10% $NH_2OH \cdot HCl$ 溶液，混匀。放置 2min 后，再各加入 2.0mL 0.15% 邻二氮菲水溶液和 5.0mL 缓冲溶液，用水稀释至刻度，混匀。放置 10min。

(2) 在 721 型分光光度计上，在 λ_{max} 处测定处，用 1cm 的比色皿，以“空白试验”调零，测定各溶液的吸光度值，用表 17-5 记录吸光度测定结果。

表 17-5　标准曲线绘制(终体积 50mL，Fe^{2+} = 25μg/mL)

铁标液加入量/mL	0.0	1.0	2.0	3.0	4.0	5.0
Fe 含量/μg	0.0	25	50	75	100	125
Fe 浓度/(μg/mL)	0.0	5	10	15	20	25
吸光度值 A						

17.5.8 水样中铁含量的测定

用移液管吸取5.0mL、10.0mL、15.0mL水样，分别放入3个50mL比色管中，接着按绘制标准曲线程序测定吸光度值。用表17-6记录吸光度测定结果。

表17-6 水样测定结果

取水样体积/mL	5.0	10.0	15.0
吸光度值			
Fe含量/μg			
Fe浓度/(mg/L)			

17.6 数据处理

17.6.1 最大吸收波长的确定

以波长为横坐标，对应吸光度为纵坐标，将测得值逐个描绘在坐标纸上，并连成光滑曲线，即得吸收光谱。从曲线上查得溶液的最大吸收波长 λ_{max}，并标出。该波长即为测量铁的测量波长(又称工作波长)。

17.6.2 显色剂用量的确定

在坐标纸上，以邻二氮菲的加入量(mL)为横坐标，对应的吸光度值为纵坐标，绘制显色剂用量-吸光度关系曲线，从中找出适宜的显色剂用量。

17.6.3 显色时间的确定

在坐标纸上，以时间为横坐标，对应的吸光度值为纵坐标，绘制显色时间-吸光度关系曲线，从中确定适宜的显色时间。

17.6.4 溶液酸度的选择

在坐标纸上，以pH值为横坐标，对应的吸光度值 A 为纵坐标，绘制pH值-吸光度关系曲线，从中确定测定铁最适宜的酸度范围。

17.6.5 标准曲线的绘制

以吸光度 A 为纵坐标，Fe含量(μg/mL或mg/L)为横坐标绘制标准曲线。

17.6.6 水样中铁含量的计算

在标准曲线上查出水样中铁含量，并计算。

$$铁(mg/L) = \frac{m}{V}$$

式中 m——标准曲线上查出铁的含量，μg；

V——水样体积，mL。

17.6.7 写出实验报告

17.7 注意事项

(1) 为了防止光电管疲劳，不测定时必须将比色皿暗箱盖打开使光路切断，不让光电管连续照光太长，以延长光电管的使用寿命。

(2) 在拿比色皿时只能拿住毛玻璃的两面，比色皿放入比色皿座架前应用细软而吸水的纸将外壁擦干，擦干时应注意保护其透光面勿使产生斑痕，否则要影响透光度。另外，还应注意比色皿内不得黏附小气泡，否则影响透光率。

(3) 测定时，比色皿要用待测溶液冲洗几次，避免影响待测溶液的浓度。每次实验完毕，比色皿一定要用蒸馏水洗干净，如比色皿被有机试剂染上颜色而用水不能吸去时，者可用盐酸-乙醇(1:2)洗涤浸泡，然后再用蒸馏水冲洗干净。洗涤比色皿不能用碱液及过强氧化剂(如 $K_2Cr_2O_7-H_2SO_4$洗涤液)洗涤，也不能用毛刷清洗，以免损伤比色皿的光学表面。

17.8 思考题

(1) 本实验中配制铁标准溶液的硫酸亚铁铵是分析纯试剂，显色时为什么还要加盐酸羟胺?

(2) 本实验中吸取各溶液时，哪些应用移液管或吸量管? 哪些可用量筒? 为什么?

(3) 为什么更换测定波长时，需要用参比溶液重新调节透光率至100%后再测定?

(4) 本实验中用721分光光度计测最大吸收波长与 $\lambda_{max}=508nm$ 是否有差别? 如有差别，请解释原因。

(5) 水样测定取样体积不同时，对测定结果是否有影响? 为什么? 那个取样量最佳?

实验18 自来水中锰的测定

18.1 前 言

锰(Mn)有钢铁样的金属光泽。锰的化合物有多种价态，主要有二价、三价、四价和七价。锰是生物必需的微量元素之一。

地下水中由于缺氧，锰以可溶态的二价锰形式存在，而在地表水中还有可溶性三价锰的络合物和四价锰的悬浮物存在。在环境水样中锰的含量在数微克/升至数百微克/升，很少超过1mg/L的。锰盐毒性不大，但水中锰可使衣物、纺织品和纸留下难看的斑痕，因此一般工业用水锰含量不允许超过0.1mg/L。锰的主要污染源是黑色金属矿山、冶金、化工排放的废水。

锰的测定方法有原子吸收法、高碘酸钾氧化光度法和甲醛肟光度法。

原子吸收法灵敏度高，可直接用于水中锰的测定；高碘酸钾氧化光度法选择性较好，经常被采用；甲醛肟光度法适用于饮用水以及未受严重污染的地表水的测定，为ISO的标准方法和我国标准分析方法(HJ/T 344—2007)，灵敏度比高碘酸钾氧化光度法高。

本实验采用甲醛肟光度法测定自来水中锰含量。

水样中的二价锰在中性或碱性条件下，能被空气氧化为更高的价态而产生沉淀，并被容器器壁吸附。因此，测定总锰的水样，应在采样时加硝酸酸化至 $pH<2$；测定可过滤性水样，应在采样现场用0.45μm有机微孔滤膜过滤，再用硝酸酸化至 $pH<2$ 保存。

铁、铜、钴、镍、钒、铈均与甲醛肟形成络合物，干扰锰的测定。加入盐酸羟胺和EDTA可减少其干扰。在本工作条件下，测定20μg锰时，铁200μg，铜、钴、镍、铀、钍、铬、钼、钨各50μg，钙20mg，镁10mg，铝1mg，氯根、硝酸根、硫酸根、磷酸根、碳酸根各50mg，氟2mg均不干扰测定。10μg钒产生7.5%正干扰，20μg铈产生4.0%负干扰。

实验前所有使用的玻璃器皿均需用1+10盐酸浸泡，再用水冲洗干净。

18.2 实验目的

(1) 熟悉分光光度计的使用方法；

(2) 掌握用分光光度法测定锰的原理及方法。

18.3 实验原理

在 pH 9.0 ~ 10.0 的碱性溶液中，Mn^{2+} 被溶解氧氧化为 Mn^{4+}，与甲醛肟生成棕色络合物。反应式为：

$$Mn^{2+} + 6H_2C{=}NOH \longrightarrow [Mn(H_2C{=}NO)_6]^{2-} + 6H^+$$

该络合物的最大吸收波长为450nm，其摩尔吸光系数为 $1.1\times10^4 L\cdot mol^{-1}\cdot cm^{-1}$。锰浓度在 4.0mg/L 以内，浓度和吸光度之间呈线性关系。

方法的最低检出浓度为 0.01 mg/L。测定浓度范围为 0.05 ~ 4.0mg/L。校准曲线范围 2 ~ 40μg/50mL。

18.4 仪器与试剂

18.4.1 仪器

（1）分光光度计。

（2）pH 计。

（3）托盘天平。

（4）电子天平。

（5）50mL、100mL、250mL 容量瓶。

（6）250mL 锥形瓶。

（7）1mL、2mL、5mL 吸量管。

（8）5mL 移液管。

（9）100mL 量筒。

18.4.2 试剂

（1）过硫酸钾：分析纯。

（2）1 + 10 盐酸溶液。

（3）氢氧化钠：分析纯。

（4）EDTA - 二钠：分析纯。

（5）甲醛溶液：分析纯。

（6）盐酸羟胺：分析纯。

（7）硝酸：$\rho_{20} = 1.42$ g/mL，分析纯。

（8）硝酸溶液：质量分数 0.4%。

18.5 实验内容

18.5.1 16% 氢氧化钠溶液的配制

溶解 16g 氢氧化钠（NaOH）于水中，稀释至 100mL。

18.5.2 1mol/L Na_2 - EDTA 溶液的配制

称取 37.2g 二水合 EDTA - 二钠置烧杯中，加入氢氧化钠溶液约 50mL，边加边搅拌，至完全溶解，以水稀释至 100mL，储聚乙烯瓶中。

18.5.3 甲醛肟溶液的配制

称取 10g 盐酸羟胺溶解在约 50mL 水中，加 35% 甲醛溶液（$\rho_{20} = 1.08$g/mL）5mL，用水稀释至 100mL。将此溶液贮存于冰箱中，储存期至少为 1 个月。

18.5.4 氨 - 盐酸羟胺混合溶液的配制

（1）配制 4.7mol/L 氨溶液

取 35mL 氨水(ρ_{20} =0.91g/mL)，用水稀释至 100mL。

(2) 配制 6mol/L 盐酸羟胺溶液

将 41.7g 盐酸羟胺溶于水中并稀释至 100 mL。

(3) 将上述试剂(1)、(2)等体积混合。

18.5.5　锰标准使用液的配制

(1) 称取 0.1702g 一级硫酸锰($MnSO_4 \cdot 2H_2O$)溶于水中，加入 5mL 硫酸，转移此溶液至 250mL 容量瓶中，用水稀释至标线。溶液每毫升含锰 200μg。

(2) 移取锰标准储备液 5.00mL 置于 100mL 容量瓶中，稀释至刻度。此溶液每毫升含锰 10.0μg。

18.5.6　标准曲线的绘制

(1) 取 7 只 50mL 容量瓶，分别加入 0.0mL、0.20mL、0.50mL、1.00mL、2.00mL、3.00mL、4.00mL 锰标准溶液，用水稀释至约 40mL。

(2) 分别加入 1mol/L Na_2－EDTA 溶液 0.5mL，甲醛肟溶液 0.5mL，16% 氢氧化钠溶液 1.8mL。摇匀，放置 5～10min。

(3) 分别加入氨－盐酸羟胺混合溶液 3mL。加水至刻度，摇匀，放置 20min。显色完毕后，摇动时有大量气体产生，要慢慢将容量瓶盖打开，防止溶液溅出。

(4) 将显色后的溶液倒入 50mm 比色皿中，于 450nm 波长处，以水作参比测量吸光度，并作空白校正。仪器操作详见附录 7 或附录 8。

(5) 以锰含量为横坐标，相应的吸光度为纵坐标，绘制校准曲线。

18.5.7　水样预处理

(1) 经酸化至 pH 约为 1 的清洁水，一般可直接用于测定。

(2) 含有悬浮二氧化锰和有机锰的水样，需按照下列步骤进行预处理。

取一定量水样置锥形瓶中，每 100mL 水样加硝酸 1mL，过硫酸钾 0.5g 及数粒玻璃珠，加热煮沸约 30min，稍冷后，以快速定性滤纸过滤，用 0.4% 硝酸洗涤数次，然后用 0.4% 硝酸稀释到一定体积。

18.5.8　水样测定

视锰含量分取一定体积水样置于 100mL 烧杯中，用 16% 氢氧化钠溶液在 pH 计上调节水样 pH 至 7 左右。然后转移至 50mL 容量瓶中。用水稀释至约 40mL。以下步骤同标准曲线的绘制。

18.5.9　原始记录(表 18－1)

表 18－1　标样与水样测定 *A* 值

标液加入量/mL	0.0	0.50	1.0	2.0	3.0	4.0	水样 1	水样 2
A								

18.6　数据处理

18.6.1　标准曲线的绘制

以吸光度 $A - A_0$ 为纵坐标，锰含量(μg)为横坐标绘制标准曲线(表 18－2)。

表 18－2 标准曲线绘制（终体积 50mL、锰＝10μg/mL）

标准使用液加入量/mL	0.0	0.20	0.50	1.0	2.0	3.0	4.0
锰含量浓度/μg	0.0	2.0	5.0	10	20	30	40
吸光度值 A							
$A-A_0$							

18.6.2 结果计算

$$锰(Mn, mg/L) = \frac{m}{V}$$

式中 m——由校准曲线查得锰量，μg；

V——水样体积，mL。

18.7 思考题

（1）查阅文献，写出原子吸收法和高碘酸钾氧化光度法测定锰的原理及简要步骤。

（2）对于含有悬浮二氧化锰和有机锰的水样，应该如何处理？

实验 19 工业废水中苯胺类的测定

19.1 前 言

苯胺是染料制造、印染、橡胶、制药、塑料和油漆等的原料。苯胺可通过呼吸道、消化道而摄入体内，亦可通过皮肤吸收。苯胺对人体具有一定的毒害作用，主要是使氧和血红蛋白变为高铁血红蛋白，影响组织细胞供氧而造成内窒息。慢性中毒表现为神经系统症状和血象的变化，某些苯胺类化合物还具有致癌性。

本实验采用偶氮比色法测定工业废水中苯胺类化合物，具有方法简便、试剂稳定、准确度好的优点。

该方法温度对反应的影响比较大，最佳温度在 22～30℃，高于或低于此温度范围可在恒温水浴中发色或采用同时制作标准曲线的办法（在环境温度多变时，最好采用标样加入法），以消除温度影响。

文献中指出含酚量高于 200mg/L 时对本方法有正干扰。为清除干扰可将废水样进行预蒸馏。

工业废水中苯胺类化合物相当复杂，苯胺的最大吸收波长为 556nm，而其他苯胺类化合物，如对硝基苯胺吸收波长为 545nm，邻氯对硝基苯胺吸收波长为 530nm，2，4－二硝基苯胺吸收波长为 520nm，综合考虑废水中苯胺类化合物的特点后，确定吸收波长为 545nm。

如果苯胺试剂为无色透明液，可直接称量配制。若试剂颜色发黄，应重新蒸馏或标定苯胺含量后使用（详见 GB 691《化学试剂 苯胺》）。

水样应采集于玻璃瓶内，并在采集后 24h 以内进行测定。

19.2 实验目的

（1）进一步熟悉分光光度计的使用、标准曲线的绘制以及有关计算。

（2）掌握工业废水中代表性的环境污染物苯胺类化合物测定原理和方法。

19.3　实验原理

苯胺类化合物在酸性条件下（pH 1.5～2.0）与亚硝酸盐重氮化，再与 *N*－（1－萘基）乙二胺盐酸盐偶合，生成紫红色染料，进行分光光度法测定，测量波长为545nm。试料体积为25mL，使用光程为10mm 的比色皿，最低检出浓度为含苯胺 0.03mg/L，测定上限浓度为1.6mg/L。在酸性条件下测定，酚含量高于200mg/L 时，对测定有正干扰。

19.4　仪器与试剂

19.4.1　仪器

电子天平；托盘天平；25mL 具塞刻度试管；25mL、100mL 容量瓶；1mL、2mL、5mL 吸量管；100mL 烧杯；可见分光光度计。

19.4.2　试剂

（1）硫酸氢钾（$KHSO_4$）：分析纯。

（2）无水碳酸钠（Na_2CO_3）：分析纯。

（3）亚硝酸钠（$NaNO_2$）：分析纯。

（4）氨基磺酸铵（$NH_4SO_3NH_2$）：分析纯。

（5）*N*－（1－萘基）乙二胺盐酸盐：分析纯。

（6）硫酸标准溶液：物质的量浓度 0.05mol/L。

（7）精密 pH 试纸。

（8）苯胺（$C_6H_5NH_2$）：分析纯。

19.5　实验内容

19.5.1　苯胺标准储备溶液的配制

于25mL 容量瓶中加入 0.05mol/L 硫酸溶液 10mL，称量（称准至 0.0001g），加入 3～5 滴苯胺试剂，再称量，用0.05mol/L 硫酸溶液稀释至标线，摇匀。计算出每毫升溶液中所含苯胺的量，此为储备液，置冰箱内保存（可用两个月）。

19.5.2　苯胺标准使用溶液的配制

将标准储备液用0.05mol/L 硫酸溶液稀释成浓度为 1.00mL 溶液含苯胺 10.0μg 的标准使用溶液（临用时配）。

19.5.3　5% 亚硝酸钠的配制

称取5g 亚硝酸钠，溶于少量水中，稀释至 100mL（应配少量，储于棕色瓶中，置冰箱内保存）。

19.5.4　2.5% 氨基磺酸铵的配制

称取2.5g 氨基硝酸铵，溶于少量水中，稀释至100mL（储于棕色瓶中，置冰箱内保存）。

19.5.5　2% *N*－（1－萘基）乙二胺盐酸盐的配制

称取2g *N*－（1－萘基）乙二胺盐酸盐，溶于水中，稀释至 100mL。

19.5.6　校准曲线的绘制

取6 支 25mL 具塞刻度试管，分别加入苯胺标准使用溶液 0.0mL、0.50mL、1.00mL、2.00mL、3.00mL、4.00mL，各加水至10mL，摇匀。用硫酸氢钾或无水碳酸调节 pH 值为1.5～2.0（用精密 pH 试纸测试），加 1 滴 5% 亚硝酸钠溶液，摇匀，放置 3min，加入2.5% 氨基磺酸铵溶液 0.5mL，充分振荡后，放置 3min，待气泡除尽（以消除过量的亚硝酸钠对测定的影响），加入 *N*－（1－萘基）乙二胺盐酸盐溶液 1.0mL，用水稀释至 25mL，摇匀，放置30min，于545nm波长处，用10mm比色皿，以水为参比测量吸光度。以测得的吸光度减去试剂空白试验(零浓度)的吸光度，和对应的苯胺含量绘制校准曲线。仪器操作详见附录7。

19.5.7 水样测定

(1) 将水样用经水冲洗过的中速滤纸过滤，弃去初滤液20mL，用硫酸氢钾或无水碳酸钠调节pH值为6，作为试料。若水样颜色深，可用聚己内酰胺粉末脱色。颜色不深的水样可不脱色，而以样品溶液(不加显色剂)为参比溶液。

(2) 吸取试料（含苯胺0.5～30μg)于25mL具塞刻度试管中，加水稀释至10mL，摇匀。以下步骤与标准曲线绘制相同。水样显色处理后用10mm比色皿，以水为参比测量吸光度。以试料的吸光度减去空白试验的吸光度，由校准曲线上查出相应的苯胺含量。同时进行空白实验。

19.6 数据处理

19.6.1 标准曲线的绘制

以吸光度 $A-A_0$ 为纵坐标，锰含量(μg)为横坐标绘制标准曲线(表19－1)。

表19－1 标准曲线绘制(终体积25mL，苯胺浓度＝10.0μg/mL)

标准使用液加入量/mL	0.0	0.50	1.00	2.0	3.0	4.0	水样
苯胺含量浓度/μg							
吸光度值 A							
$A-A_0$							

19.6.2 结果计算

$$苯胺类(以苯胺计,mg/L)=\frac{m}{V}$$

式中 m——由校准曲线查得苯胺量，μg；

V——水样体积，mL。

19.7 思考题

(1) 苯胺类化合物存在于哪些工业废水中?

(2) 若测定过程中比色皿没有清洗干净，对结果有什么影响?

实验20 水中总磷的测定

20.1 前 言

在天然水和废水中，磷几乎都以各种磷酸盐的形式存在，它们分为正磷酸盐、缩合磷酸盐(焦磷酸盐、偏磷酸盐和多磷酸盐)和有机结合的磷酸盐，它们存在于溶液、腐殖质粒子或水生生物中。

天然水中磷酸盐含量较微。化肥、冶炼、合成洗涤剂等行业的工业废水及生活污水中常含有较大量磷。磷是生物生长的必需的元素之一，但水体中磷含量过高(如超过0.2mg/L)，可造成藻类的过度繁殖，直至数量上达到有害的程度(称为富营养化)，造成湖泊、河流透明度降低，水质变坏。

水中磷的测定，通常按共存在的形式，而分别测定总磷、溶解性正磷酸盐和总溶解性磷，如图 20－1 所示。

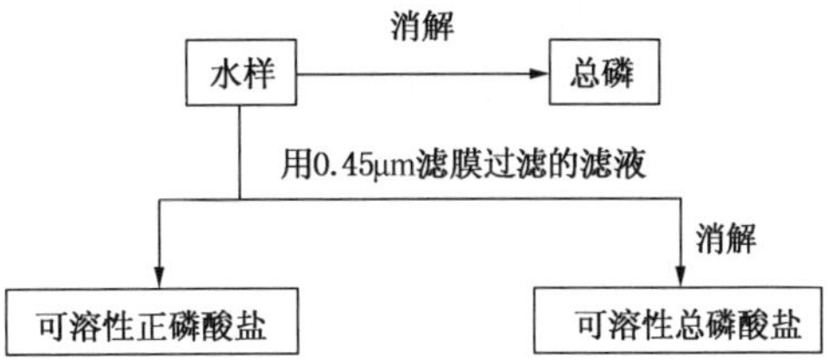

图 20－1　测定水中各种磷的流程

总磷的测定，于水样采集后，加硫酸酸化至 pH≤1 保存。溶解性正磷酸盐的测定，不加任何保存剂，于 2～5℃冷处保存，在 24h 内进行分析。

磷的测定方法有钼锑抗光度法、氯化亚锡还原光度法和离子色谱法。

离子色谱法适用于清洁水样中可溶性正磷酸盐的测定；氯化亚锡还原光度法适用于地面水中正磷酸盐的测定；钼锑抗分光光度法可适用于地面水、生活污水及日化、磷肥、机加工金属表面磷化处理、农药、钢铁、焦化等行业的工业废水中正磷酸盐的测定。

本实验采用钼锑抗分光光度法测定水中的总磷。预处理的消解过程介绍了两种方法，一种是高压消解法，一种是常压消解法，实验时可根据实验室条件进行选择。

20.2 实验目的

(1) 掌握水中总磷的测定原理及方法。

(2) 掌握水样预处理方法。

20.3 实验原理

在酸性溶液中，将各种形态的磷转化成磷酸根离子(PO_4^{3-})。随之用钼酸铵和酒石酸锑钾与之反应，生成磷钼锑杂多酸，再用抗坏血酸把它还原，则变成蓝色络合物，通常即称磷钼蓝。

砷酸盐与磷酸盐一样也能生成磷钼蓝，砷浓度大于 2mg/L 就会有干扰，可用硫代硫酸钠去除。硫化物浓度大于 2mg/L 有干扰，在酸性条件下通氮气可以除去。六价铬浓度大于 50mg/L 有干扰，用亚硫酸钠除去。亚硝酸盐浓度大于 1mg/L 就会有干扰，用氧化消解或加氨磺酸均可以去除。铁浓度为 20mg/L，使结果偏低 5%；铜达到 10mg/L 不干扰测定；氟化物小于 70 mg/L 是允许的。

20.4 仪器与试剂

20.4.1 仪器

(1)电子天平。

(2)托盘天平。

(3) 可见分光光度计。

(4) 医用手提式高压蒸汽消毒器或一般民用压力锅(0.1～0.15 MPa)。

(5) 电炉：2kW。

(6) 调压器：2kV · A(0～220V)。

(7) 50mL(磨口)具塞刻度管。

(8) 5mL、10mL、15mL、25mL 移液管。

(9) 100mL、250mL、容量瓶。

(10) 1mL、2mL、5mL 吸量管。

(11) 150mL 锥形瓶。

20.4.2 试剂。

（1）1mol/L 硫酸溶液。

（2）3 +7 硫酸溶液。

（3）过硫酸钾：分析纯。

（4）酚酞指示剂。

（5）1mol/L 氢氧化钠溶液。

（6）1 +1 硫酸溶液。

（7）磷酸二氢钾（KH_2PO_4）：分析纯，于110℃干燥2h，在干燥器中放冷。

（8）钼酸铵：分析纯。

（9）抗坏血酸：分析纯。

（10）酒石酸锑钾：分析纯。

20.5 实验内容

20.5.1 钼酸盐溶液的配制

（1）称取6.5g钼酸铵[$(NH_4)_6MO_7O_{24}\cdot 4H_2O$]溶于50mL蒸馏水中；

（2）称取0.18g酒石酸锑钾[$K(SbO)C_4H_4O_6\cdot 1/2H_2O$]溶于50mL蒸馏水中；

（3）在不断搅拌下，将钼酸铵溶液徐徐加入到150mL(1 +1)硫酸中，加入酒石酸锑钾溶液并且混合均匀。

20.5.2 10%抗坏血酸溶液的配制

溶解10g抗坏血酸于水中，并稀释至100mL。该溶液贮存于棕色玻璃瓶中，在低温下可稳定几周。如颜色变黄，则弃去重配。

20.5.3 5%过硫酸钾溶液的配制

溶解5g过硫酸钾于水中，并稀释至100mL。

20.5.4 磷酸盐标准溶液的配制

（1）称取0.1085g磷酸二氢钾溶解后转入250mL容量瓶中，稀释至刻度，即得0.100mg/mL标准储备溶液。

（2）吸取5.00mL标准储备溶液于250mL容量瓶中，稀释至刻度，即得磷含量为2.00μg/mL的标准使用溶液。此溶液临用时现配。

20.5.5 标准曲线的绘制

（1）取数支50mL具塞比色管，分别加入磷酸盐标准使用液0mL、0.50mL、1.00mL、3.00mL、5.00mL、10.0mL、15.0mL，加水至50mL。

（2）显色：向比色管中加入10mL 10%抗坏血酸溶液，混匀；30s后，加入2mL钼酸盐溶液充分混匀，放置15min。

（3）测量：用10mm或30mm比色皿，于700nm波长处，以零浓度溶液为参比，测量吸光度。仪器操作详见附录7。

20.5.6 水样的预处理

方法一：过硫酸钾高压消解法

吸取25.0mL混匀水样(必要时，酌情少取水样，并加水至25mL，水样含磷绝对量不能超过30μg)于50mL具塞刻度管中，加过硫酸钾溶液4mL，加塞后管口包一小块纱布并用线扎紧，以免加热时玻璃塞冲出。将具塞刻度管放在大烧杯中，置于高压蒸汽消毒器或压力锅中加热，待锅内压力达0.11MPa（相应温度为120℃）时，调节电炉温度使保持此压力30min后，停止加热，待压力表指针降至零后，取出放冷。此方法需同时作试剂空白和标准溶液系列。

方法二：过硫酸钾常压消解法

分取适量混匀水样（含磷绝对量不超过30μg）于150mL锥形瓶中，加水至50mL，加数粒玻璃珠，加1mL 3+7硫酸溶液，5mL 5%过硫酸钾溶液，置电热板或可调电炉上加热煮沸，调节温度使保持微沸30～40min，至最后体积为10mL止。放冷，加1滴酚酞指示剂，滴加氢氧化钠溶液至刚呈微红色，再滴加1mol/L硫酸溶液使红色褪去，充分摇匀。如溶液不澄清，则用滤纸过滤于50mL比色管中，用水洗锥形瓶及滤纸，一并移入比色管中，加水至标线，供分析用。

20.5.7 水样测定

取消解处理后的水样，按绘制校准曲线的步骤进行显色和测量。减去空白实验的吸光度，并从校准曲线上查出含磷量。

20.5.8 原始记录

实验测定原始数据填入表20－1。

20.6 数据处理

20.6.1 标准曲线的绘制

以吸光度$A-A_0$为纵坐标，磷含量（μg）为横坐标绘制标准曲线（表20－2）。

表20－1 标准与水样测定结果

标准使用液加入量/mL	0.0	0.50	1.0	3.0	5.0	10.0	15.0	水样空白	水样
A									

表20－2 标准曲线绘制（终体积50mL、磷＝2.00μg/mL）

标准使用液加入量/mL	0.0	0.50	1.0	3.0	5.0	10.0	15.0
磷含量浓度/μg							
吸光度值A							
$A-A_0$							

20.6.2 结果计算

$$磷(P,mg/L)=\frac{m}{V}$$

式中 m——由校准曲线查得磷量，μg；

V——水样体积，mL。

20.7 思考题

（1）水体中氮、磷的主要来源有哪些？

（2）查阅相关资料，简述钼锑抗光度法、氯化亚锡还原光度法和离子色谱法测定水中磷的原理。

实验 21　水中铬的测定
（设计性实验）

21.1　实验目的

（1）训练学生综合设计实验的能力。培养学生运用已学习过的相关知识、水分析化学基本原理以及有关实验技能，通过查阅有关的参考资料，拟定实验方案并进行实验的能力。

（2）通过对一个含铬的未知水样的分析，掌握水中铬的测定原理和方法。

21.2　要求学生实验前进行的工作

21.2.1　文献查阅，回答下列问题

（1）水中铬的测定方法有几种？各分析方法测定原理是什么？

（2）国家相关标准对水中铬的限制浓度是多少？

（3）各分析方法的测定范围是多少？

（4）测定过程中可能存在的干扰物是什么？如何消除？

（5）实验结果如何计算？写出计算公式。

（6）对分析方法进行选择，选出你准备采用的分析方法，并说明理由。

21.2.2　实验方案的制定

（1）了解所需的仪器设备。仔细查阅有关仪器的种类、型号，以及使用方法；

（2）了解试剂的规格和浓度，以及配制方法、需要溶液的体积（为了顺利进行实验，配制药品时，既要保证配制溶液浓度、体积满足实验要求，又不要称量过多，以免浪费药品，污染环境）；

（3）写出详细的实验步骤，包括标准曲线的绘制或标准溶液的标定；

（4）明确实验注意事项；

（5）写出准备工作所涉及的参考文献。

21.3　学生实验报告要求

（1）拟定好实验方案交指导教师批阅后，方可进行实验。

（2）在实验结束后，提交实验报告。实验报告的内容除包括实验方案中的 5 条外，还需增加以下 2 条内容：

① 实验原始数据、实验现象、实验数据处理和实验结果；

② 对实验现象的讨论和对设计方案和实验结果的评价。

实验 22　工业废水中挥发酚的测定

22.1　前　言

酚是一种剧毒物质，可以致癌，已经被列入有机污染物的“黑名单”。检测水中酚类对保障水产养殖安全以及人体健康具有重要意义。

根据酚类能否与水蒸气一起蒸出，分为挥发酚与不挥发酚。挥发酚多指沸点在 230℃ 以下的酚类，通常属一元酚。

酚类为原生质毒，属高毒物质。人体摄入一定量时，可出现急性中毒症状，长期饮用被酚污染的水，可引起头昏、出疹、瘙痒、贫血及各种神经系统症状。水中含低浓度(0.1～0.2mg/L)酚类时，可使生长鱼的鱼肉有异味，高浓度($C>5$mg/L)时则造成中毒死亡。含酚浓度高的废水亦不宜用于农田灌溉，否则会使农作物枯死或减产。水中含微量酚类，加氯消毒时，可产生特异的氯酚臭。

水中酚类主要来自炼油、煤气洗涤、炼焦、造纸、合成氨、木材防腐和化工等废水。

水样采集后，应及时检查有无氧化剂存在。必要时加入过量的硫酸亚铁，并立即加磷酸酸化至 pH 约 4.0，并加适量硫酸铜(1g/L)以抑制微生物对酚类的生物氧化作用，同时应冷藏(5～10℃)，在采集后 24h 内进行测定。

目前酚类测定方法多采用 4－氨基安替比林光度法，但 4－氨基安替比林光度法要用有机溶剂萃取，操作繁琐，分析时间较长，本实验利用紫外分光光度法直接测定水中酚，方法操作简单，灵敏度高。

据文献记载，在 210nm 波长处酚类物质有显著吸收峰，可以定性酚类物质。在定量时发现，此波长下测定的浓度范围线性太窄，不能满足实际测量的需要，经过多次实验，选定检测波长为 194nm。

22.2　实验目的

(1) 了解紫外分光光度计的结构、性能及使用方法；

(2) 熟悉紫外分光光度定性、定量测定的方法；

(3) 掌握用紫外分光光度法测定酚的原理及方法。

22.3　实验原理

水中酚通过蒸馏后收集，用紫外分光光度法测定。经波长扫描，选用 194nm 波长进行测定，当酚浓度在 0.025～2.000mg/L 范围内时线性良好，与吸光度呈直线关系。

22.4　仪器与试剂

22.4.1　仪器

752N 型紫外分光光度计；电子天平；托盘天平；500mL 全玻璃蒸馏器；50mL 具塞比色管。

22.4.2　试剂

(1) 无酚水：置普通蒸馏水于全玻蒸馏器中，加氢氧化钠溶液至碱性，再加高锰酸钾溶液至深紫色，加热蒸馏，馏出液储于硬质玻璃瓶中。

(2) 10% 硫酸铜溶液：取 10g$CuSO_4\cdot 5H_2O$ 溶于水中，稀释至 100mL。

(3) 硫酸：分析纯。

(4) 甲基橙：取 0.05g 甲基橙溶于 100mL 水中。250mL 碘量瓶、25mL 酸式滴定管、5mL、10mL 移液管、1mL、2mL、5mL 吸量管、100mL 烧杯。

(5) 浓盐酸：分析纯。

(6) 溴酸钾：分析纯。

(7) 溴化钾：分析纯。

(8) 0.5% 淀粉溶液。

(9) 碘化钾：分析纯。

(10) 0.02500mol/L 硫代硫酸钠标准滴定溶液：配制与标定参见实验 6。

(11) 苯酚(C_6H_5OH):分析纯。

22.5 实验内容

22.5.1 苯酚标准储备液的配制

称取0.1000g无色苯酚(C_6H_5OH)溶于水,移入100mL容量瓶中,稀释至标线。置冰箱内保存,至少稳定1个月。

22.5.2 溴酸钾-溴化钾标准参考溶液($1/6KBrO_3$=0.1mol/L)

称取0.2784g溴酸钾($KBrO_3$)溶于水,加入1.0g溴化钾(KBr),使溶解,移入100mL容量瓶中,稀释至标线。

22.5.3 苯酚标准储备液的标定

(1) 吸取10.00mL苯酚储备液于250mL碘量瓶中,加水稀释至100mL,加10.0mL 0.1mol/L溴酸钾-溴化钾溶液,立即加入5mL盐酸,盖好瓶塞,轻轻摇匀,于暗处放置10min。加入1g碘化钾,密塞,再轻轻摇匀,放置暗处5min。用0.02500mol/L硫代硫酸钠标准滴定溶液滴定至淡黄色,加入1mL淀粉溶液,继续滴定至蓝色刚好褪去,记录用量。

(2) 同时以水代替苯酚储备液作空白试验,记录硫代硫酸钠标准滴定溶液用量。

22.5.4 苯酚标准中间液的配制

取适量苯酚储备液,用水稀释至每毫升含0.010mg苯酚。使用时当天配制。

22.5.5 苯酚标准曲线的绘制

分别取0mL、0.5mL、1.00mL、3.00mL、6.00mL、10.00mL苯酚标准中间液于50mL比色管中,加无酚水稀释至标线,用1cm石英比色皿于194nm波长处,以无酚水调零,测定其吸光度,绘制标准曲线。仪器操作详见附录8。

22.5.6 样品测定

量取100mL样品于蒸馏瓶中,加入25mL无酚水,2滴甲基橙,用硫酸调至橙红色。加入5.0mL硫酸铜溶液,加入数粒玻璃珠。加热蒸馏,以100mL容量瓶收集馏液,至100mL为止。摇匀馏出液,静置10min,用1cm石英比色皿,以无酚水作参比,测定吸光度。

22.5.7 实验原始记录(表22-1)

表22-1 标准溶液测定结果

苯酚标准中间液加入量/mL	0.0	0.50	1.00	3.00	6.00	10.00
苯酚含量/μg						
吸光度值 A						

22.6 数据处理

22.6.1 苯酚标准储备液浓度的计算

$$苯酚(mg/mL) = \frac{(V_1 - V_2)c \times 15.68}{V}$$

式中 V_1——空白试验中硫代硫酸钠标准滴定溶液用量,mL;

V_2——滴定苯酚储备液时,硫代硫酸钠标准滴定溶液用量,mL;

V——取用苯酚储备液体积,mL;

c——硫代硫酸钠标准滴定溶液浓度,mol/L;

15.68——($1/6C_6H_5OH$)摩尔质量,g/mol。

22.6.2 苯酚标准曲线的绘制

以吸光度 A 为纵坐标，苯酚含量(μg)为横坐标绘制标准曲线。

22.6.3 水样的计算

在标准曲线上查出水样中苯酚含量，并计算。

$$挥发酚(以苯酚计,mg/L) = \frac{m}{V_{水}}$$

式中 m——由水样测定的校正吸光度，从标准曲线上查出相应的苯酚的含量，μg；

$V_{水}$——水样体积，mL。

22.7 思考题

(1) 紫外可见分光光度法定性、定量的依据是什么?

(2) 紫外可见分光光度计的主要组成部件有哪些?

(3) 说明紫外可见光度法的特点及适用范围。

实验23 水中“三氮”——氨氮的测定

23.1 前 言

氨氮(NH_3-N)以游离氨(NH_3)或铵盐(NH_4^+)形式存在于水中，两者的组成比取决于水的 pH 值。当 pH 值偏高时，游离氨的比例较高，反之，则铵盐的比例为高。

水中氨氮的来源主要为生活污水中含氮有机物受微生物作用的分解产物，以及某些工业废水，如焦化废水、合成氨化肥厂废水、农田排水等。此外，在无氧环境中，水中存在的亚硝酸盐亦可受微生物作用，还原为氨。在有氧环境中，水中氨亦可转变为亚硝酸盐、甚或继续转变为硝酸盐。水中有机氮、氨氮、亚硝酸盐氮和硝酸盐氮等几项指标的相对含量，在一定程度上反映了含氮有机物存在于水体中时间的长短，从而对探讨水体污染历史、含氮有机物分解趋势、水体自净状况有一定参考价值(见表 23-1)。测定水中各种形态的氮化合物，有助于评价水体被污染和“自净”状况。

表 23-1 水体中3种形态氮检出的环境化学意义

NH_3-N	NO_2-N	NO_3-N	环境化学意义
-	-	-	洁净水
+	-	-	水体受到新近污染
+	+	-	水体受到污染不久，且污染物正在分解中
-	+	-	污染物已分解，但未完全自净
-	+	+	污染物已基本分解完毕，但未自净
-	-	+	污染物已无机化，水体已基本自净
+	-	+	有新近污染，在此之前的污染已基本自净
+	+	+	以前受到污染，正在自净过程中，且又有新污染

注：表中”+”表示检出，“-”表示无检出。

氨氮含量较高时，对鱼类则可呈现毒害作用。

氨氮的测定方法，通常有纳氏试剂比色法、水杨酸-次氯酸盐比色法和电极法等。纳氏试剂比色法具操作简便、灵敏等特点，水中钙、镁和铁等金属离子、硫化物、醛和酮类、颜色，以及混浊等均干扰测定，需做相应的预处理。水杨酸－次氯酸盐比色法具有灵敏、稳定等优点，干扰情况和消除方法同纳氏试剂比色法。电极法通常不需要对水样进行预处理，测量范围宽。氨氮含量较高时，还可采用蒸馏－酸滴定法。

水杨酸－次氯酸盐比色法适用于分析饮用水及大部分原水和废水；亦可用于分析土壤和植物。当使用10mm 比色皿，取样体积8mL 时，最低检出浓度为0.01mg/L，最高测定浓度为1mg/L。当水样中浓度更高时，可减少取样量或稀释后测定。

水样带色或浑浊以及含有其他一些干扰物质时，会影响氨氮的测定。为此，在分析时需做适当的预处理。对污染严重的水或工业废水，则以蒸馏法消除干扰。

水样预蒸馏时需在弱碱性溶液中进行，否则 pH 过高促使有机氮的水解，使结果偏高；pH 值降低，氨不能完全被蒸馏出，使结果偏低。

23.2 实验目的

（1）了解水中氨氮的预蒸馏方法；

（2）掌握水杨酸－次氯酸盐比色法测定氨氮测定原理和方法。

23.3 实验原理

在亚硝基五氰络铁（Ⅲ）酸钠（硝普钠）的存在下，铵与水杨酸盐和次氯酸离子反应生成蓝色化合物，在697nm 的波长下用分光光度计测定。

在 pH 11.7 有硝普钠存在下，氯胺与水杨酸钠发生反应，所有样品中的氯胺都定量地被测定。加酒石酸钾钠掩蔽阳离子特别是钙镁的干扰。

23.4 仪器与试剂

23.4.1 仪器

（1）电子天平。

（2）托盘天平。

（3）可见分光光度计。

（4）pH 计。

（5）带氮球的定氮蒸馏装置。

（6）10mL 具塞比色管。

（7）100mL 容量瓶。

（8）5mL、10mL 移液管。

（9）1mL、2mL、5mL 吸量管。

（10）100mL 烧杯。

23.4.2 试剂

（1）无氨水：向蒸馏水中加入硫酸至 $pH<2$，使水中各种形式的氨或胺最终都变成不挥发的盐类。进行重蒸馏，收集馏出液即得，密塞保存。所有试剂配制和稀释均用无氨水。

（2）氯化铵 NH_4Cl：分析纯，在105℃至少干燥2h。

（3）0.01mol/L 硫酸溶液。

（4）水杨酸［$C_6H_4(OH)COOH$］：分析纯。

（5）酒石酸钾钠（$KNaC_4H_4O_6 \cdot 4H_2O$）：分析纯。

（6）0.05%溴百里酚蓝指示剂：pH 6.0～7.6。

（7）次氯酸钠原液。

（8）亚硝基五氰络铁酸钠二水合物{$Na_2[Fe(CN)_6NO]2H_2O$}：分析纯。

（9）氢氧化钾：分析纯。

（10）轻质氧化镁（MgO）：将在氧化镁500℃下加热，以除去碳酸盐。

（11）1mol/L 盐酸溶液。

（12）1mol/L 氢氧化钠溶液。

23.5 实验内容

23.5.1 铵标准使用溶液的配制

（1）铵标准储备液

称取0.3819g在105℃至少干燥2h后的无水氯化铵NH_4Cl于100mL烧杯中，加少量水溶解，转移至100 mL容量瓶中，稀释至刻度。此溶液含氨氮1.00mg/mL。

（2）铵标准中间液（A） 吸取储备液10.00mL，放入100mL容量瓶中，稀释至刻度。此溶液含氨氮（NH_3-N）0.10mg/mL。

（3）铵标准中间液（B） 吸取铵标准中间液（A）10.00mL，放入100mL容量瓶中，稀释至刻度。此溶液含氨氮（NH_3-N）0.010mg/mL。

（4）铵标准使用液 吸取铵标准中间液（B）10.00mL，放入100mL容量瓶中，稀释至刻度。此溶液含氨氮（NH_3-N）1.0μg/mL。

23.5.2 显色剂的配制

称取5.0 g水杨酸，加入约10mL水，再加入16mL 2mol/L氢氧化钠溶液，搅拌使之完全溶解；再称取5.0g酒石酸钾钠于水中，与上述溶液合并移入100mL容量瓶中，加水稀释至标线。存放于棕色玻璃瓶中，本试剂至少稳定1个月。若水杨酸未能全部溶解，可再加入数毫升2mol/L氢氧化钠溶液，直至完全溶解为止；最后溶液的pH为6.0~6.5。

23.5.3 次氯酸钠溶液的配制

取经标定的次氯酸钠溶液，用氢氧化钠溶液稀释成含有效氯质量浓度为0.35%、游离碱浓度为0.75 mol/L（以NaOH计）的次氯酸钠溶液。存放于棕色滴瓶内，本试剂可稳定7天。

23.5.4 亚硝基五氰络铁（Ⅲ）酸钠溶液的配制

称取约0.1g亚硝基五氰络铁酸钠二水合物{$Na_2[Fe(CN)_6NO]2H_2O$}置于10mL比色管中，加水至标线，密塞，充分振荡，使之溶解。此溶液临用前配制。

23.5.5 清洗溶液的配制

将100g氢氧化钾溶于100mL水中，冷却溶液并加900mL 95%的乙醇。溶液储存在聚乙烯瓶内。实验所用玻璃器皿需用清洗溶液洗涤，然后用无氨水冲洗干净。

23.5.6 标准曲线的绘制

分别吸取0mL、1.00mL、2.00mL、4.00mL、6.00mL、8.00mL氨氮标准溶液于10mL比色管中，用水稀释至8mL，加入1.0 mL显色剂和2滴硝普钠溶液，混匀。再滴入2滴次氯酸钠溶液，稀释至标线，充分混匀。放置至少60min后，用10mm比色皿，以水为参比，在697nm的最大吸收波长处测定溶液的吸光度。仪器操作详见附录7。

从各个标准溶液测得的吸光度值扣除空白试验的吸光度，绘制吸光度对氨氮含量对校正吸光度的校正曲线。

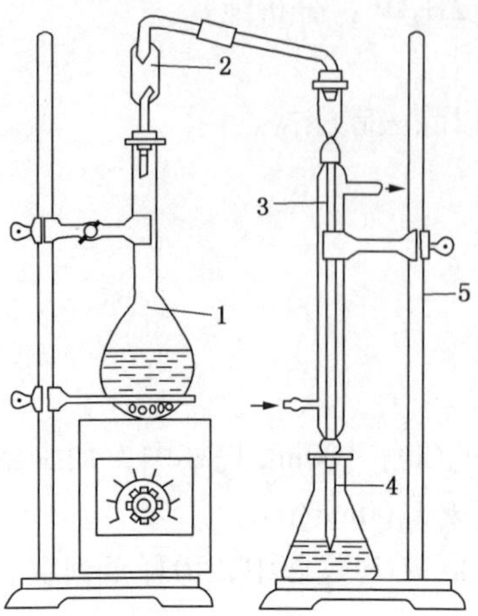

图 23－1 氨氮蒸馏装置
1—500mL 凯氏烧瓶；2—氮球；
3—直形冷凝管；4—吸收瓶；
5—固定支架

23.5.7 水样预蒸馏

如果水样的颜色或浊度较高时，则应预先用蒸馏法将 NH_3 蒸出，再用水杨酸－次氯酸盐比色法测定。

（1）预处理：将 250mL 无氨水放入凯氏烧瓶中，加 0.25g 轻质氧化镁，加数粒玻璃珠，蒸馏至馏出液不含氨为止，弃去瓶内残液。氨氮蒸馏装置如图 23－1 所示。

（2）取水样 250mL，移入凯氏烧瓶中，加数滴溴百里酚蓝指示剂，用 NaOH 溶液或 HCl 溶液调节 pH＝7 左右。加 0.25g 轻质氧化镁和数粒玻璃珠，立即连接蒸馏装置，导管插入吸收液（50mL 0.01 mol/L 硫酸溶液）液面 2cm 以下。以 6～10mL/min 蒸馏速度加热蒸馏，至馏出液达 200mL，将导管离开吸收液面，再停止加热。用无氨水稀释至 250mL。

23.5.8 水样的测定

用移液管吸取 1.0mL、5.0mL、8.0mL 水样，分别放入 3 个 10mL 比色管中，用无氨水稀释至刻度。接着按绘制标准曲线程序测定吸光度值。记录吸光度测定结果在表 23－2。

表 23－2 水样测定结果

取水样体积/mL	1.0	5.0	8.0
吸光度值 A			
氨氮含量/μg			
氨氮含量/(mg/L)			

23.6 数据处理

23.6.1 标准曲线的绘制

以吸光度 A 为纵坐标，氨氮含量（μg）为横坐标绘制标准曲线（表 23－3）。

表 23－3 标准溶液测定结果

铵标准使用液加入量/mL	0.0	1.00	2.00	4.00	6.00	8.00
氨氮含量/μg						
吸光度值 A						

23.6.2 水样的计算

在标准曲线上查出水样中氨氮含量，并计算（表 3－18）。

$$氨氮(mg/L) = \frac{m}{V_水}$$

式中 m——标准曲线上查出氨氮的含量，μg；

$V_水$——水样体积，mL。

23.6.3　写出实验报告

23.7　思考题

（1）水样预蒸馏结束之前，为什么要将导管离开液面之后，再停止加热？

（2）根据水样中三氮测定结果，对水样的污染状况进行初步判定。

（3）简述水杨酸－次氯酸盐比色法和纳氏试剂比色法测定氨氮的原理。

实验24　水中“三氮”——亚硝酸盐氮的测定

24.1　前　言

亚硝酸盐（$NO_2^- - N$）是氮循环的中间产物，不稳定。根据水环境条件，可被氧化成硝酸盐，也可被还原成氨。亚硝酸盐可使人体正常的血红蛋白（低铁血红蛋白）氧化成为高铁血红蛋白，发生高铁血红蛋白症，失去血红蛋白在体内输送氧的能力，出现组织缺氧的症状。亚硝酸盐可与仲胺类反应生成具致癌性的亚硝胺类物质，在pH值较低的酸性条件下，有利于亚硝胺类的形成。

水中亚硝酸盐氮的测定方法通常采用重氮－偶联反应，使生成红紫色染料，该方法选择性强。所用重氮和偶联试剂种类较多，最常用的，前者为对氨基苯酰胺和对氨基苯磺酸，后者为*N*－（1－萘基）－乙二胺和α－萘胺。

本实验采用*N*－（1－萘基）－乙二胺光度法测定水中亚硝酸盐氮，该法适用于饮用水、地面水、地下水、生活污水和工业废水中亚硝酸盐氮的测定。亚硝酸盐氮最低检出浓度为0.003mg/L；测定上限为0.20mg/L。

亚硝酸盐在水中可受微生物等作用而很不稳定，在采集后应尽快进行分析，必要时以冷藏抑制微生物的影响。

氯胺、氯、硫代硫酸盐、聚磷酸钠和高铁离子有明显干扰。水样呈碱性（pH≥11）时，可加酚酞溶液为指示剂，滴加磷酸溶液至红色消失。水样有颜色或悬浮物，可加氢氧化铝悬浮液并过滤。

24.2　实验目的

（1）了解水中亚硝酸盐氮的测定时干扰的去除方法；

（2）掌握水中亚硝酸盐氮测定原理和方法。

24.3　实验原理

在磷酸介质中，pH值为（1.8±0.3）时，亚硝酸盐与对氨基苯磺酰胺反应，生成重氮盐，再与*N*－（1－萘基）－乙二胺偶联生成红色染料。在540nm波长处有最大吸收。

24.4　仪器与试剂

24.4.1　仪器

（1）电子天平。

（2）托盘天平。

（3）721型可见分光光度计。

（4）50mL具塞比色管。

（5）100mL、250mL容量瓶。

（6）1mL、2mL、5mL吸量管。

(7) 5mL、10mL、50mL 移液管。

(8) 100mL、1000mL 烧杯。

(9) 250mL 具塞锥形瓶。

24.4.2 试剂

所有试剂均用不含亚硝酸根的重蒸馏水配制。其检验方法是：所配制的吸收液对540nm光的吸光度不超过0.005。

(1) 不含亚硝酸盐的蒸馏水：蒸馏水中加入少量高锰酸钾晶体，使呈红色，再加氢氧化钡(或氢氧化钙)，使呈碱性，重蒸馏。弃去50mL初馏液，收集中间70%的无锰部分。也可于每升蒸馏水中加入1mL浓硫酸和0.2mL硫酸锰溶液(每100mL蒸馏水中含有36.4g $MnSO_4 \cdot H_2O$)，及1~3mL 0.04%高锰酸钾溶液使呈红色，然后重蒸馏。

(2) 磷酸：$\rho = 1.70g/mL$，分析纯。

(3) 硫酸铝钾[$KAl(SO_4)_2 \cdot 12H_2O$]或硫酸铝铵[$NH_4Al(SO_4)_2 \cdot 12H_2O$]：分析纯。

(4) 高锰酸钾($KMnO_4$)：分析纯。

(5) 草酸钠($Na_2C_2O_4$)：优级纯，105℃烘干2h。

(6) 对氨基苯磺酰胺：分析纯。

(7) *N*-(1-萘基)-乙二胺二盐酸盐：分析纯。

(8) 亚硝酸钠($NaNO_2$)：分析纯。

24.5 实验内容

24.5.1 显色剂的配制

于100mL烧杯内，置于50mL水和10mL磷酸，加入4.0g对氨基苯磺酰胺，再将0.2g *N*-(1-萘基)-乙二胺二盐酸盐溶于上述溶液中，转移至100mL容量瓶中，用水稀释至标线，混匀。此溶液储于棕色瓶中，在2~5℃下保存，至少可稳定1个月。注意：本试剂有毒性，避免与皮肤接触或吸入体内。

24.5.2 亚硝酸盐氮标准储备液的配制

称取0.1232g亚硝酸钠($NaNO_2$)，溶于20mL水中，转移至100mL容量瓶中，用水稀释至标线。每毫升含约0.25mg亚硝酸盐氮。本溶液储于棕色瓶中，加入1mL三氯甲烷，在2~5℃下保存，至少可稳定1个月。

24.5.3 0.050mol/L 高锰酸钾标准溶液的配制

溶解1.6g高锰酸钾于1200mL水中，煮沸0.5~1h，使体积减少到1000mL左右，放置过夜。用G-3号玻璃砂芯过滤器过滤，过滤液储存于棕色试剂瓶中避光保存，按下述方法标定。

24.5.4 0.050mol/L 草酸钠标准溶液的配制

溶解经105℃烘干2h的优级纯无水草酸钠0.8375g于150mL水中，移入250mL容量瓶中，稀释至标线。

24.5.5 亚硝酸盐氮标准储备液的标定

在250mL具塞锥形瓶中，移入50.00mL 0.050mo1/L高锰酸钾溶液、5mL浓硫酸。用50mL无分度吸管，使下端插入高锰酸钾溶液液面下，加入50.00mL亚硝酸钠标准储备液，摇匀。置于水浴上加热至70~80℃，按每次10.00mL的量加入足够的草酸钠标准溶液，使红色褪去并过量，记录草酸钠标准溶液用量(V_2)。然后用高锰酸钾标准溶液滴定过量草酸钠溶液呈微红色，记录高锰酸钾标准溶液总用量(V_1)。再以50mL水代替亚硝酸盐氮标准储备液，如上操作，用草酸钠标准溶液标定高锰酸钾的浓度(C_1)。

24.5.6　亚硝酸盐氮标准中间液的配制

分取适量亚硝酸盐标准储备液(使含5.0mg亚硝酸盐氮)，置于100mL容量瓶中，用水稀释至标线。此溶液每毫升含50.0μg亚硝酸盐氮。中间液储于棕色瓶内，在2~5℃下保存，可稳定1周。

24.5.7　亚硝酸盐氮标准使用液的配制

取5.00mL亚硝酸盐氮标准中间液，置于250mL容量瓶中，用水稀释至标线。每毫升含1.0μg亚硝酸盐氮。此溶液使用时，当天配制。

24.5.8　氢氧化铝悬浮液的配制

溶解125g硫酸铝钾[$KAl(SO_4)_2 \cdot 12H_2O$]或硫酸铝铵[$NH_4Al(SO_4)_2 \cdot 12H_2O$]于1 L水中，加热到60℃，在不断搅拌下慢慢加入55mL浓氨水，放置约1h，移入1000mL量筒内，用水反复洗涤沉淀，至洗液中不含氨、氯化物、硝酸盐和亚硝酸盐为止。澄清后，把上层清液尽量全部倾出，只留浓的悬浮物，最后加300mL水。使用前应振荡均匀。

24.5.9　标准曲线的绘制

取6支50mL比色管，分别加入亚硝酸盐氮标准溶液0.00mL、1.00mL、3.00mL、5.00mL、7.00mL、10.00mL，用水稀释至刻度。在上述各比色管中分别加入1.0mL显色剂，密塞，混匀。20 min后在540nm处，用1cm比色皿，以水作参比测定其吸光度。从测得的吸光度，减去零浓度空白管的吸光度后，获得校正吸光度，绘制以亚硝酸盐氮含量(μg)对校正吸光度的校准曲线。仪器操作详见附录7。

24.5.10　水样的预处理

当水样pH≥11时，可加入1滴酚酞指示液，边搅拌边逐滴加入(1+9)磷酸至红色消失。

水样如有颜色和悬浮物，可向每100mL水中加入2 mL氢氧化铝悬浮液，搅拌，过滤，弃去25mL初滤液。

24.5.11　水样的测定

分取经预处理的水样于50mL比色管中(如含量较高，则分取适量，用水稀释至标线)，加1.0mL显色剂，然后按校准曲线绘制的相同步骤操作，测量吸光度。经空白校正后，从校准曲线上查得亚硝酸盐氮量。用实验用水代替水样，按相同步骤进行全程序测定。

24.6　数据处理

24.6.1　亚硝酸盐氮标准储备液浓度的计算

(1) 高锰酸钾标准溶液浓度的计算

$$C_1(1/5KMnO_4) = \frac{0.0500 \times V_4}{V_3}$$

(2) 亚硝酸盐氮标准储备液的浓度计算

$$NO_2 - N(N, mg/L) = \frac{(V_1 C_1 - 0.0500 \times V_2) \times 7.00 \times 1000}{50.00}$$

式中　C_1——经标定的高锰酸钾标准溶液的浓度，mo1/L；

V_1——滴定亚硝酸盐氮标准储备液时，加入高锰酸钾标准溶液总量，mL；

V_2——滴定亚硝酸盐氮标准储备液时，加入草酸钠标准溶液总量，mL；

V_3——滴定水时，加入高锰酸钾标准溶液总量，mL；

V_4——滴定空白时，加入草酸钠标准溶液总量，mL；

7.00——1/2N的摩尔质量，g/mol；

50.00——亚硝酸盐标准储备液取用量，mL；

0.0500——草酸钠标准溶液浓度，mol/L。

24.6.2 标准曲线的绘制

以吸光度A为纵坐标，亚硝酸盐氮含量(μg)为横坐标绘制标准曲线(表25-1)。

表24-1 标准溶液测定结果

亚硝酸盐氮标准使用液加入量/mL	0.0	1.00	3.00	5.00	7.00	10.00
亚硝酸盐氮含量/μg						
吸光度值A						
$A-A_0$						

24.6.3 水样的计算

在标准曲线上查出水样中亚硝酸盐氮含量，并计算。

$$亚硝酸盐氮(N,mg/L)=\frac{m}{V_{水}}$$

式中 m——由水样测定的校正吸光度，从标准曲线上查出相应的亚硝酸盐氮的含量，μg；

$V_{水}$——水样体积，mL。

24.7 思考题

(1) 在亚硝酸盐氮分析过程中，哪些物质会干扰测定，如何消除？

(2) 除了本实验介绍的亚硝酸盐氮的测定方法，还有哪些亚硝酸盐氮测定方法？简述测定原理。

实验25 水中“三氮”——硝酸盐氮的测定

25.1 前 言

水中硝酸盐是在有氧环境下，各种形态的含氮化合物中最稳定的氮化合物，亦是含氧有机物经无机化作用最终阶段的分解产物。亚硝酸盐可经氧化而生成硝酸盐，硝酸盐在无氧环境中，亦可受微生物的作用而还原为亚硝酸盐。

水中硝酸盐氮($NO_3^- -N$)含量相差悬殊，从十微克/升至数十毫克/升，清洁水中含量较低，受污染的水体以及一些深层地下水中含量较高。制革废水、酸洗废水、某些生化处理设施的出水和农田排水可含大量的硝酸盐。

如果摄入硝酸盐，经肠道中微生物作用可转变成亚硝酸盐而出现毒性作用。文献报道，水硝酸盐氮含量达数毫克/升时，可致婴儿中毒。

水中硝酸盐的测定方法很多，常用的有酚二磺酸光度法、镉柱还原法、戴氏合金还原法、离子色谱法、紫外法和电极法等。

酚二磺酸光度法测量范围较宽，显色稳定。

镉柱还原法适用于测定水中低含量的硝酸盐。

戴氏合金还原法对严重污染并带深色的水样最为适用。

离子色谱法需有专用仪器，但可同时和其他阴离子联合测定。紫外法和电极法常作为在线快速方法使用。目前紫外法已作为环保行业的标准分析方法(HJ/T 346—2007)使用。

紫外法适用于清洁地面水和未受明显污染的地下水中硝酸盐的测定，其最低检出浓度为0.08mg/L，测量上限为4 mg/L硝酸盐氮。

为了解水中受污染程度和变化情况，测定前需对水样进行紫外吸收光谱分布曲线的扫描，无扫描装置时，可用手动在220～280nm、每隔2～5 nm测量吸光度，绘制波长－吸光度曲线。水样与近似浓度的标准溶液分布曲线应类似，且在220与275nm附近不应有肩状或折线出现。参考吸光度比值($A_{275}/A_{220}\times100\%$)应小于20%，越小越好。超过时应予鉴别。

水样经上述方法适用情况检验后，符合要求时，可不经预处理，直接取50mL水样于比色管中，加盐酸和氨基磺酸溶液后，进行吸光度测量。如经絮凝后水样亦达到上述要求则也可只进行絮凝预处理，省略树脂吸附操作。

含有有机物的水样，而硝酸盐含量较高时，必须先进行预处理后再稀释。

大孔中性吸附树脂对环状、空间结构大的有机物吸附能力强；对低碳链、有较强极性和亲水性的有机物吸附力差。

当水样存在六价铬时，絮凝剂应采用氢氧化铝，并放置0.5h以上再取上清液供测定用。

水样采集后应及时进行测定。必要时，应加硫酸使pH<2，保存在4℃以下，在24h内进行测定。

25.2 实验目的

(1) 掌握用紫外分光光度法测定水中硝酸盐氮的原理与方法。

(2) 掌握用紫外分光光度法测定水中硝酸盐氮时水样预处理方法。

25.3 实验原理

利用硝酸根离子在220nm波长处的吸收而定量测定硝酸盐氮。溶解的有机物在220nm处也会有吸收，而硝酸根离子在275nm处没有吸收。因此，在275nm处作另一次测量，以校正硝酸盐氮值。

溶解的有机物、表面活性剂、亚硝酸盐、六价铬、溴化物、碳酸氢盐和碳酸盐等干扰测定，需进行适当的预处理。本法采用絮凝共沉淀和大孔中性吸附树脂进行处理，以排除水样中大部分常见有机物、浊度和Fe^{3+}、Cr^{6+}对测定的干扰。

25.4 仪器与试剂

25.4.1 仪器

(1)电子天平。

(2) 离子交换柱(ϕ1.4cm，装树脂高5～8cm)。

(3) 紫外分光光度计。

(4) 100mL、250mL容量瓶。

(5) 25mL移液管。

(6) 1mL、2mL、5mL吸量管。

(7) 100mL、500mL烧杯。

25.4.2 试剂

(1) 10%硫酸锌溶液。

(2) 5mol/L氢氧化钠溶液。

(3) 大孔径中性树脂：CAD-40或XAD-2型及类似型号树脂。

(4) 甲醇：分析纯。

(5) 1mol/L盐酸。

(6) 硝酸盐：优级纯。

(7) 0.8%氨基磺酸溶液。

(8) 氢氧化铝悬浮液：参见实验23亚硝酸盐氮的测定。

25.5 实验内容

25.5.1 标准溶液的配制

(1) 硝酸盐氮标准储备液的配制

称取0.3609g分析纯硝酸钾(105~110℃烘干燥2h)，溶于水中，转入250mL容量瓶中，用水稀释至刻度。此溶液含硝酸盐氮200μg/mL。如加入2mL氯仿保存，溶液可稳定半年以上。

(2) 硝酸盐氮标准使用液的配制

取硝酸盐氮标准储备液25.0mL稀释至100mL，配制成每毫升含50μg的硝酸盐氮的标准使用液。

25.5.2 吸附柱的制备

新的树脂先用200mL水分两次洗涤，用甲醇浸泡过夜，弃去甲醇，再用40mL甲醇分两次洗涤，然后用新鲜去离子水洗到柱中流出液滴落于烧杯中无乳白色为止。树脂装入柱中时，树脂间绝不允许存在气泡。

25.5.3 水样的预处理

(1) 量取200mL水样置于锥形瓶或烧杯中，加入2mL硫酸锌溶液，在搅拌下滴加氢氧化钠溶液，调至pH=7。或将200mL水样调至pH=7后，加4mL氢氧化铝悬浮液。待絮凝胶团下沉，或经离心分离。

(2) 吸取上清液于吸附树脂柱中，以1~2滴/s的流速流出(注意各个样品间流速保持一致)。先用100mL上清液分两次洗涤柱子，弃去。再继续使水样上清液通过柱子，收集50mL于比色管中，备测定用。

25.5.4 吸附柱的再生

使用后树脂用150mL水分3次洗涤，备用。树脂吸附容量较大，可处理50~100个地面水水样(视有机物含量而异)。使用多次后，可用未接触过橡胶制品的新鲜去离子水做参比，在220nm、275nm波长处检验，测得的吸光度应近于零。超过仪器允许误差时，需用甲醇再生。

25.5.5 标准曲线的绘制

(1) 于5个100mL容量瓶中分别加入0.50mL、1.00mL、2.00mL、3.00mL、4.00mL硝酸盐氮标准使用液，用新鲜去离子水稀释至标线，其硝酸盐氮浓度分别为0.25mg/L、0.50mg/L、1.00mg/L、1.50mg/L、2.00mg/L。加1.0mL盐酸溶液，0.1mL氨基磺酸溶液于容量瓶中(如亚硝酸盐氮低于0.1mg/L时，可不加氨基磺酸溶液)。摇匀。

(2) 用光程长 10mm 石英比色皿，分别在 220nm 和 275nm 波长处，以经过树脂吸附的新鲜去离子水 50mL 加 1mL 盐酸溶液为参比，测量吸光度。仪器操作详见附录 8。

25. 5. 6 水样的测定

取处理后的水样 50mL，加 1. 0mL 盐酸溶液，0. 1mL 氨基磺酸溶液于容量瓶中(如亚硝酸盐氮低于 0. 1mg/L 时，可不加氨基磺酸溶液)。摇匀。以下步骤同标准曲线的测定。记录吸光度值。作 2 个平行样。

25. 5. 7 原始记录

参见 24. 6 数据处理部分的表格。

25. 6 数据处理

25. 6. 1 标准曲线的绘制

以吸光度 $A_{校}$ 为纵坐标，硝酸盐氮含量(mg/L)为横坐标绘制标准曲线(表 25 - 1)。

表 25 - 1 标准溶液测定结果(终体积 100mL，硝酸盐氮 =50μg/mL)

硝酸盐氮标准使用液加入量/mL	0. 0	0. 50	1. 0	2. 0	3. 0	4. 0
硝酸盐氮浓度/(mg/L)	0. 0	0. 25	0. 50	1. 00	1. 50	2. 00
吸光度值 A_{220}						
吸光度值 A_{275}						
$A_{校} = A_{220} - 2A_{275}$						

25. 6. 2 结果计算

$$A_{校} = A_{220} - 2A_{275}$$

式中 A_{220}——220nm 波长处测得吸光度；

A_{275}——275nm 波长处测得吸光度。

求得吸光度的校正值($A_{校}$)以后，从校准曲线中查得相应的硝酸盐氮量，即为水样测定结果(mg/L)。水样若经稀释后测定，则结果应乘以稀释比。

25. 7 思考题

(1) 如果水样中有机物含量较高，应该如何处理?

(2) 查阅相关文献，简述除紫外分光光度法其他测定硝酸盐氮方法的原理。

实验 26 自来水中钙的测定

26. 1 前 言

钙(Ca)广泛地存在于各种类型的天然水中，浓度为每升含零点几毫克到数百毫克不等，它主要来源于含钙岩石(如石灰岩)的风化溶解，是构成水中硬度的主要成分。钙是构成动物骨骼的主要元素之一。硬度过高的水不适宜工业使用，特别是锅炉作业。由于长期加热的结果，会使锅炉内壁结成水垢，这不仅影响热的传导，而且还隐藏着爆炸的危险，所以应进行软化处理。此外，硬度过高的水也不利于人们生活中的洗涤及烹饪，饮用了这些水还会引起肠胃不适。但水质过软也会引起或加剧某些疾病。因此，适量的钙是人类生活中不可缺少的。

钙的测定方法有 EDTA 络合滴定法和原子吸收分光光度法。EDTA 络合滴定法简单快速，是一般最常选用的方法。当使用 EDTA 滴定法有干扰时，最好选用原子吸收分光光度法。

原子吸收分光光度法是根据某元素的基态原子对该元素的特征谱线产生选择性吸收来进行测定的分析方法。火焰原子化法是目前使用最广泛的原子化技术。火焰中原子的生成是一个复杂过程，其最大吸收部位是由该处原子生成和消失的速率决定的，它不仅于火焰类型及喷雾效率有关，而且还因元素的性质及火焰燃料气与助燃气的比例不同而异。

通常用原子吸收分光光度法来测定微量甚至痕量的元素，要注意防止周围气氛、容器、水以及试剂等带来的污染，以保证测定的灵敏度和准确度。所使用的试剂纯度要符合要求，玻璃仪器应严格洗涤，用 HNO_3(1～2mol/L)浸泡过夜，并用重蒸馏的去离子水充分冲洗，保证洁净。

实验时，要打开通风设备，使金属蒸气及时排出室外。乙炔钢瓶阀门旋开不能超过 1.5 转，以防止气瓶中丙酮溶剂逸出；点燃火焰时，应先开空气泵，后开乙炔气瓶。熄灭火焰时，先关乙炔气瓶后关空气开关。开启空气压力不允许大于 0.6MPa，乙炔压力不要超过 0.15MPa。

室内若有乙炔气味，应立即关闭乙炔气源，开通风，排除问题后再继续进行实验。

标准曲线法是原子吸收光谱分析中最常用的定量方法之一，该法是配制已知浓度的标准溶液系列，在一定的仪器条件下，依次测出它们的吸光度，以加入的标准溶液的浓度为横坐标，相应的吸光度为纵坐标，绘制标准曲线。试样经适当处理后，在与测量标准曲线吸光度相同的实验条件下测量其吸光度，根据试样溶液的吸光度，在标准曲线上即可查出试样溶液中被测元素的含量，再换算成原始试样中被测元素的含量。

标准曲线法常用于分析共存的基体成分较为简单的试样。如果试样中共存的基体成分比较复杂，则应在标准溶液中加入相同类型和浓度的基体成分，以消除或减少基体效应带来的干扰，必要时应采用标准加入法进行定量分析。自来水中其他杂质元素对钙和镁的原子吸收分光光度法测定基本上没有干扰，试样经适当稀释后，即可采用标准曲线法进行测定。

26.2 实验目的

(1) 学习原子吸收分光光度法的基本原理；

(2) 了解原子吸收光谱分析仪的基本结构及使用方法；

(3) 掌握以标准曲线法测定自来水中钙含量的方法。

26.3 实验原理

将试样喷入火焰，使钙在火焰中离解形成原子蒸气，由锐线光源(钙空心阴极灯)发射的特征谱线光辐射通过钙原子蒸气层时，钙元素的基态原子对特征谱线 422.7nm 产生选择性吸收。在一定条件下特征谱线光强的变化与试样中钙元素的浓度成比正比，即：

$$A = KC$$

式中 A—吸光度；K—常数；C—溶液中钙离子浓度。

根据标准曲线，就可以求出待测溶液钙离子的浓度。

26.4 仪器与试剂

26.4.1 仪器

(1) 原子吸收分光光度计。

(2) 钙空心阴极灯。

(3) 无油空气压缩机。

(4) 乙炔钢瓶。

(5) 电子天平。

(6) 50mL、100mL、250mL 容量瓶。

(7) 10mL、25mL 移液管。

(8) 1mL、2mL、5mL 吸量管。

26.4.2 试剂

(1) 无水碳酸钙：优级纯。

(2) 浓盐酸：优级纯。

(3) 盐酸溶液：1mol/L。

(4) 纯水：去离子水或蒸馏水。

26.5 实验内容

26.5.1 钙标准储备液的配制

准确称取已在110℃下烘干2 h的无水碳酸钙0.6250g于100 mL烧杯中，用少量纯水润湿，盖上表面皿，滴加1 mol/L盐酸溶液，直至完全溶解，然后把溶液转移到250mL容量瓶中，用水稀释到刻度，摇匀备用。此钙标准储备液浓度为1000μg/mL。

26.5.2 钙标准使用液的配制

准确吸取10.00 mL上述钙标准储备液于50 mL容量瓶中，用水稀释至刻度，摇匀备用。此钙标准溶液浓度为200μg/mL。

26.5.3 设置仪器工作参数

按照仪器操作规程打开仪器，设置光源、灯电流、测定波长、狭缝宽度等仪器工作参数。详见附录9。

26.5.4 标准曲线的绘制

准确吸取1.00mL、2.00mL、3.00mL、4.00mL、5.00mL浓度为200μg/mL钙标准溶液，分别置于5只100 mL容量瓶中，该标准溶液系列钙的质量浓度分别为2.0 μg/mL、4.0μg/mL、6.0μg/mL、8.0μg/mL、10.0μg/mL。在选定的仪器操作条件下，以去离子水为参比调零，测定相应的吸光度。

26.5.5 自来水水样中钙的测定

准确吸取25.00 mL自来水水样(视水样中钙含量多少而定)于100mL容量瓶中，用去离子水稀释至刻度，摇匀。用选定的操作条件，以去离子水为参比调零，测定其吸光度，再由标准曲线查出水样中钙的含量，并计算自来水中钙的含量。

测定结束后，先吸取去离子水，清洁燃烧器，然后关闭仪器。关仪器时，必须先关闭乙炔，再关电源，最后关闭空气。

26.5.6 原始记录

参见26.6数据处理部分的表格。

26.6 数据处理

26.6.1 记录实验条件(表 26-1)

表 26-1 仪器操作条件

1	仪器型号	AAS330	6	燃烧器高度/mm	
2	光源	钙空心阴极灯	7	乙炔流量/(L/h)	
3	吸收线波长/hm		8	空气流量/(L/h)	
4	灯电流/mA				
5	狭缝宽度/hm		9	燃助比(乙炔:空气)	

26.6.2 标准曲线的绘制

将钙标准溶液系列的吸光度值记录于表 26-2，然后以吸光度为纵坐标，质量浓度为横坐标绘制标准曲线，并计算回归方程和标准偏差(或相关系数)。

表 26-2 标准溶液测定结果(终体积 100mL，Ca^{2+} =200μg/mL)

钙标准使用液加入量/mL	1.00	2.00	3.00	4.00	5.00
钙浓度/(μg/mL)	2.0	4.0	6.0	8.0	10.0
吸光度值 A					

26.6.3 水样测定结果

测定自来水样溶液中钙的吸光度，然后在上述标准曲线上分别查得水样中 Ca 浓度(或用回归方程计算)。若经稀释，需乘上相应倍数，求得水样中钙含量(表 26-3)。

表 26-3 水样测定结果

水样体积/mL	稀释倍数	吸光度值 A	Ca 浓度/(μg/mL)

26.7 思考题

(1) 简述原子吸收分光光度法的基本原理。

(2) 原子吸收光谱分析为何要用待测元素的空心阴极灯作光源？能否用氢灯或钨灯代替，为什么？

(3) 如何选择最佳的实验条件？

(4) 从实验安全上考虑，在操作时应注意什么问题？为什么？

实验 27 工业废水中铜的测定

27.1 前 言

铜是人体必不可少的元素，成人每日的需要量估计为 20mg。水中铜达 0.01mg/L 时，对水体自净有明显的抑制作用。铜对水生生物毒性很大，有人认为铜对鱼类的起始毒性浓度为 0.002mg/L，但一般认为水体含铜 0.01mg/L 对鱼类是安全的。铜对水生生物的毒性与其在水体中的形态有关，游离铜离子的毒性比络合态铜要大得多。灌溉水中硫酸铜对水稻的临界危害浓度为0.6mg/L。世界范围内，淡水平均含铜3μg/L，海水平均含铜0.25μg/L。铜的主要污染源有电镀、冶炼、五金、石油化工和化学工业等部门排放的废水。

铜的测定方法很多，常用的方法有火焰原子吸收分光光度法、二乙氨基二硫代甲酸钠萃取光度法、新亚铜萃取光度法、阳极溶出伏安法或示波极谱法。

本实验采用火焰原子吸收分光光度法测定废水中铜含量，采用湿法消化的方法对水中的有机物质进行消解，以消除有机物的干扰。

火焰原子吸收分光光度法是根据某元素的基态原子对该元素的特征谱线产生选择性吸收来进行测定的分析方法。将试样喷入火焰，被测元素的化合物在火焰中离解形成原子蒸气由锐线光源(空心阴极灯)发射的某元素的特征谱线光辐射通过原子蒸气层时，该元素的基态原子对特征谱线产生选择性吸收。在一定条件下特征谱线光强的变化与试样中被测元素的浓度成比例。通过对自由基态原子对选用吸收线吸光度的测量，确定试样中该元素的浓度。

样品预处理有湿法消化和干法灰化。其目的是将样品中对测定有干扰的有机物和悬浮颗粒分解掉，使待测金属以离子形式进入溶液中。湿法消化是使用具有强氧化性酸，如HNO_3、H_2SO_4、$HClO_4$等与有机化合物溶液共沸，使有机化合物分解除去。干法灰化是在高温下灰化、灼烧，使有机物质被空气中氧所氧化而破坏。

27.2 实验目的

(1) 掌握火焰原子吸收分光光度法的原理。

(2) 掌握水样的消化方法，掌握火焰原子吸收分光光度计的使用方法。

27.3 实验原理

在使用锐线光源条件下，基态原子蒸气对共振线的吸收，符合朗伯－比耳定律：

$$A = \lg(I_0/I_i) = KLN_0$$

在试样原子化时，火焰温度低于3000K时，对大多数元素来说，原子蒸气中基态原子的数目实际上接近原子总数。在固定的实验条件下，待测元素的原子总数是与该元素在试样中的浓度C成正比的。因此，上式可以表示为：

$$A = KC$$

这就是进行原子吸收定量分析的依据。

对组成简单的试样，用标准曲线法进行定量分析较方便。

27.4 仪器与试剂

27.4.1 仪器

(1) 火焰原子吸收分光光度计。

(2) 铜空心阴极灯。

(3) 乙炔钢瓶。

(4) 空气压缩机。

(5) 电子天平。

(6) 100mL容量瓶。

(7) 100mL、250mL烧杯。

(8) 1mL、2mL、5mL吸量管。

(9) 10mL移液管。

27.4.2 试剂

(1) 金属铜：99.8%。

(2) 硝酸：1+1。

(3) 硝酸：0.5%。

(4) 浓硝酸。

(5) 高氧酸

27.5 实验内容

27.5.1 铜标准储备液的配制

准确称取0.1000g金属铜溶于15mL 1+1硝酸中，转移至100mL容量瓶中，用去离子水稀释至刻度，此溶液含铜量为1.00mg/mL。

27.5.2 铜标准使用液的配制

准确吸取10.00 mL上述镁标准储备液于100mL容量瓶中，用0.5%的硝酸稀至刻度，摇匀。此铜标准溶液浓度为0.100mg/mL。

27.5.3 铜标准系列的配制

取6个100mL容量瓶，依次加入0.0mL、1.00mL、2.00mL、3.00mL、4.00mL、5.00mL浓度为0.100mg/mL的铜标准液，用0.5%的硝酸稀至刻度，摇匀。

27.5.4 样品的消化

取100mL水样(如果铜浓度高可以酌情减少水样取样量)于250mL烧杯中，加入5mL硝酸，在电热板上加热消解(不要沸腾)。蒸至10mL左右，加入5mL硝酸和2mL高氯酸，继续消解，直至1mL左右。如果消解部完全，再加入5mL硝酸和2mL高氯酸，再次蒸至1mL左右。取下冷却，加水溶解残渣，通过预先用酸洗过的中速定量滤纸过滤，滤液滤入100mL容量瓶中，用水稀释至刻度。摇匀待测。

在测定样品的同时，取100mL 5%硝酸溶液，按上述相同的程序操作，测定空白样。

27.5.5 设置仪器工作参数

按照仪器操作规程打开仪器，设置光源、灯电流、测定波长、狭缝宽度等仪器工作参数。详见附录9。

27.5.6 测定

将消化液在与标准系列相同的条件下，直接喷入空气-乙炔火焰中，测定吸收值。

27.5.7 原始记录

参见27.6数据处理部分的表格。

27.6 数据处理

27.6.1 记录实验条件(表27-1)

表27-1 仪器操作条件

1	仪器型号	AAS330	6	燃烧器高度/mm	
2	光源	铜空心阴极灯	7	乙炔流量/(L/h)	
3	吸收线波长/nm		8	空气流量/(L/h)	
4	灯电流/mA		9	燃助比(乙炔：空气)	
5	狭缝宽度/mm				

27.6.2　标准曲线的绘制(表 27-2)

表 27-2　标准溶液测定结果(终体积 100mL、Cu^{2+}=0.100mg/mL)

Cu 标液加入量/mL	0.0	1.0	2.0	3.0	4.0	5.0
Cu 含量/mg	0.0	0.10	0.20	0.30	0.40	0.50
Cu 浓度/(mg/L)	0.00	1.00	2.00	3.00	4.000	5.00
吸光度值 A						

27.6.3　水样测定结果(表 27-3)

测定消解后水样的吸光度，然后在上述标准曲线上分别查得水样中 Cu 浓度(或用回归方程计算)。若经稀释，需乘上相应倍数，求得水样中铜含量。

表 27-3　水样测定结果

水样体积/mL	稀释倍数	吸光度值 A	Cu 浓度/(μg/mL)

27.7　思考题

(1) 水样消解的目的是什么?

(2) 火焰原子吸收分光光度法与紫外可见分光光度法相比有哪些异同点?

(3) 原子吸收分光光度法主要的测定条件有哪些? 简述其对测定结的影响。

实验 28　自来水中镁的测定

28.1　前　言

镁(Mg)是天然水中的一种常见成分，它主要是含碳酸镁的白云岩以及其他岩石的风化溶解产物。镁在天然水中的浓度为每升零点几到数百毫克不等。镁是动物体内所必需的元素之一，人体每日需镁量约为 0.3~0.5g，浓度超过 125mg/L 时，还能起导泻和利尿作用。镁盐是水质硬化的主要因素，硬度过高的水不适宜工业使用，它能在锅炉中形成水垢，故对其进行软化处理。

镁的测定方法有 EDTA 络合滴定法和原子吸收分光光度法。当使用 EDTA 滴定法有干扰或镁的浓度较低时，最好选用原子吸收分光光度法。

本实验采用火焰原子吸收分光光度法测定自来水中镁含量，并加入释放剂以消除电离干扰。

原子吸收分光光度法，总的来说，干扰比较少。因为参与吸收的是基态原子，它的数目受温度影响较小。一般地说，基态原子数近似等于原子总数。使用锐线光源，且吸收线的数目比发射线的数目少得多，谱线重叠和相互干扰的几率小。仪器中，采用调制光源和交流放大，可消除火焰中直流发射的影响。但是在实际工作中仍不可忽视干扰问题。

化学干扰是指在溶液或气相中被测组分与其他组分之间的化学作用而引起的干扰效应。它影响被测元素化合物的离解和原子化，使火焰中基态原子数目减少，降低原子吸收信号。化学干扰是原子吸收分析中的主要干扰。在试液中加入一种试剂，它会优先与干扰组分反应，释放出待测元素，这种试剂叫释放剂。它可以有效地消除化学干扰。

被测元素在火焰中形成自由原子之后继续电离，使基态原子数减少，吸收信号降低，这就是电离干扰。若火焰中存在能提供自由电子的其他易电离的元素，可使已电离的待测元素的离子回到基态，使被测元素基态原子数增加，从而达到消除电离干扰的目的。

28.2 实验目的

(1) 掌握原子吸收分光光度法的基本原理；

(2) 掌握原子吸收分光光度计的主要结构及工作原理；

(3) 学习原子吸收分光光度法操作条件的选择；

(4) 了解以回收率来评价分析方案准确度的方法。

28.3 实验原理

镁离子溶液雾化成气溶胶后进入火焰，在火焰温度下气溶胶中的镁变成镁原子蒸气，由光源镁空心阴极灯辐射出波长为285.2nm的镁特征谱线，被镁原子蒸气吸收。在恒定的实验条件下，吸光度与溶液中镁离子浓度符合比耳定律 $A = KC$。

利用吸光度与浓度的关系，用不同浓度的镁离子标准溶液分别测定其吸光度，绘制标准曲线。在同样的条件下测定水样的吸光度，从标准曲线上即可求出水样中镁的含量，进而可计算出自来水中镁的含量。

自来水中除镁离子外，还有铝、磷酸盐、磷酸盐及硅酸盐等，它们能够抑制镁的原子化，产生干扰，使测定的结果偏低。加入锶离子作释放剂，可以获得较准确的结果。

28.4 仪器与试剂

28.4.1 仪器

(1) 原子吸收分光光度计。

(2) 镁空心阴极灯。

(3) 乙炔钢瓶。

(4) 空气压缩机。

(5) 电子天平。

(6) 托盘天平。

(7) 100mL、250mL容量瓶。

(8) 1mL、2mL、5mL吸量管。

(9) 5mL、10mL移液管。

(10) 100mL烧杯。

28.4.2 试剂

(1) 金属镁。

(2) 1+1盐酸溶液。

(3) 1 mol/mL盐酸溶液。

(4) 1%盐酸溶液。

(5) 氯化锶($SrCl_2 \cdot 6H_2O$)：分析纯。

28.5 实验内容

28.5.1 镁标准储备液的配制

准确称取纯金属镁0.2500g于100mL烧杯中，盖上表皿，滴加1mol/L盐酸溶液5mL溶解，然后把溶液转移到250mL容量瓶中，用1%的盐酸溶液稀释至刻度，摇匀。此镁标准储备液浓度为1000μg/L。

28.5.2 镁标准使用溶液的配制

准确吸取5.00mL上述镁标准储备液于250mL容量瓶中，用水稀至刻度，摇匀。此镁标准使用溶液浓度为20μg/L。

28.5.3 10mg/mL锶溶液的配制

称取3.0g $SrCl_2 \cdot 6H_2O$ 溶于水中，稀释至100mL。

28.5.4 设置仪器工作参数

按照仪器操作规程打开仪器，设置光源、灯电流、测定波长、狭缝宽度等仪器工作参数。详见附录9。

28.5.5 释放剂锶溶液加入量的选择

吸取自来水10.00 mL 6份，分别置于6只100 mL容量瓶中，每瓶中加1+1盐酸4 mL，再分别加入锶溶液0.00mL、2.00mL、4.00 mL、6.00 mL、8.00 mL、10.00 mL，用去离子水稀释至刻度，摇匀。在选定的仪器操作条件下，每次以去离子水为参比调零，测定各瓶试样的吸光度，作出吸光度-锶溶液加入量的关系曲线。由所作的曲线，在吸光度较大且吸光度变化很小的范围内确定最佳锶溶液加入量。

28.5.6 标准曲线的绘制

准确吸取0.00 mL、1.00 mL、2.00 mL、3.00 mL、4.00mL、5.00mL浓度为20μg/L镁标准使用溶液，分别置于6只100 mL容量瓶中，每瓶中加入锶溶液(其加入量由28.5.5确定)。在选定的仪器操作条件下，每次以去离子水为参比调零，测定相应的吸光度。

28.5.7 自来水水样中镁的测定

准确吸取10.00 mL自来水水样(视水样中镁含量多少而定)于100mL容量瓶中，加入最佳量的锶溶液，用去离子水稀释至刻度，摇匀。用选定的操作条件，以去离子水为参比调零，测定其吸光度，再由标准曲线查出水样中镁的含量，并计算自来水中镁的含量。

28.5.8 回收率的测定

准确吸取已测得镁含量的自来水水样10.00mL于100mL容量瓶中，加入已知量的镁标准溶液(总的镁量应落在标准曲线的线性范围以内)，再加入最佳量的锶溶液，用水稀释至刻度，摇匀。按以上操作条件，用去离子水调零，测定其吸光度。

28.5.9 原始记录

参见28.6数据处理部分的表格。

28.6 数据处理

28.6.1 记录实验条件于表28-1中。

28.6.2 最佳释放剂锶溶液加入量的选择(表28-2)

表28-1 仪器操作条件

1	仪器型号	AAS330	6	燃烧器高度/mm	
2	光源	镁空心阴极灯	7	乙炔流量/(L/min)	
3	吸收线波长/nm		8	空气流量/(L/min)	
4	灯电流/mA		9	燃助比(乙炔:空气)	
5	狭缝宽度/mm				

表 28－2　释放剂锶溶液加入量测定结果

锶溶液加入量/mL	0.00	1.00	2.00	3.00	4.00	5.00
吸光度值 A						
最佳释放剂锶溶液加入量/mL						

以锶溶液加入量为横坐标、吸光度为纵坐标，绘制吸光度－锶溶液加入量的关系曲线，并确定最佳锶溶液加入量。

28.6.3　标准曲线的绘制

标准溶液测定结果见表 28－3。

表 28－3　标准溶液测定结果（终体积 100mL，Mg^{2+} =20μg/mL）

镁标准使用液加入量/mL	0.0	0.5	1.0	2.0	2.5	3.0
Mg 含量/μg	0.0	10	20	40	50	60
Mg 浓度/(mg/L)	0.0	0.10	0.20	0.40	0.50	0.60
吸光度值 A						

以吸光度 A 为纵坐标，镁含量（mL、μg 或 mg/L）为横坐标绘制标准曲线。

28.6.4　水样测定结果

水样测定结果填入表 28－4。

表 28－4　水样测定结果

	水样	水样＋标样	标样加入量
取水样体积/mL 吸光度值 Mg 含量/μg Mg 含量/(mg/L)			
加标回收率/%			

加标回收率按下列公式计算：

$$加标回收率(\%) = \frac{测得的镁总量 - 水样中镁量}{加入的镁量} \times 100\%$$

28.7　思考题

（1）某仪器测定镁的最佳工作条件是否亦适用于另一台不同型号的仪器？为什么？

（2）试解释什么叫回收率。一个好的分析方案，其几次测定的回收率的平均值应是什么数值？如分析方案测得结果偏高或偏低，则回收率应是怎样的？

（3）试解释向试样溶液中加入锶盐的作用。系列标准溶液中是否必须同样加入量的锶盐？

实验 29　水中六六六、滴滴涕的测定

29.1　前言

有机氯农药种类很多，自从 1940 年首次发现滴滴涕（DDT）具有杀虫效果以后，又陆续合成了狄氏剂、异狄氏剂、六六六、氯丹、毒杀芬等有机氯农药，广泛应用于杀灭农作物、

林业及卫生害虫，是使用量最大的一类农药。

有氯农药可分为两类：一类为氯化苯及其衍生物，如六六六、滴滴涕等；另一类为氯化亚甲基萘类，如狄氏剂、艾氏剂、异狄氏剂、氯丹、七氯及毒杀芬等。

有氯农药具有高度的物理、化学、生物学稳定性，在自然界不易分解，属高残留品种，具有广谱、高效、残效期长、价廉、急性毒性小等特点。有机氯农药脂溶性很强，不溶于水。在生物体内的蓄积具有高度选择性，多储存于机体脂肪组织或脂肪多的部位。在碱性环境中易分解失效。我国早已停止生产和使用有机氯农药，但由于其性质稳定，在水域、土壤中仍有残留，并会在相当长时间内继续残留于环境中，危害人类健康。六六六、滴滴涕结构如图 29 – 1 所示。

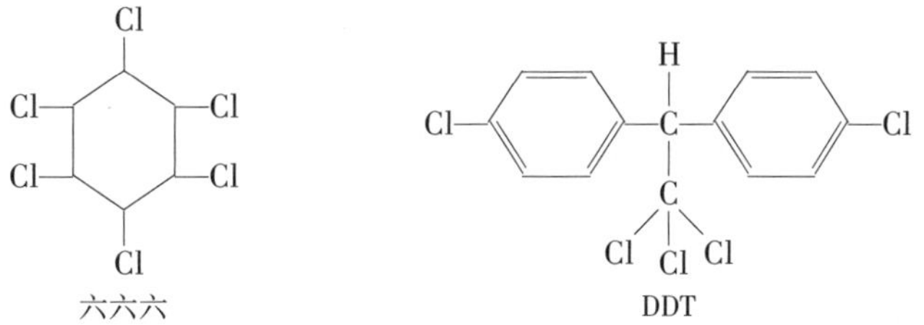

图 29 – 1 六六六、滴滴涕农药的化学结构

有机氯农药对环境污染的主要来源于：农田使用农药；农药厂的废水排放；杀灭或控制而使用的农药等。

有机氯农药的使用范围广，用量大，化学性质稳定，在环境中不易被破坏和分解，易被土壤吸收，可长期储存于水体、土壤和生物体内，并可通过生物体的代谢过程及食物链作用等聚集于生物体内。一般来说，在农田使用化学农药时，黏附在农作物上的农药只占 10%，其余约 90% 可以通过各种方式扩散，或落于土壤，或以气溶胶的形式飘浮于大气，也可以溶解或悬浮于水体中，进而流入江河、湖泊、大海。大气中的有机氯农药再被雨水吸附后又可降落于地面。

有机氯农药的测定，通常采用气相色谱法。随着近年来气相色谱仪的不到发展，测定方法也在不断地完善更新，从早期的填充柱色谱到今天的毛细管色谱柱色谱。本实验采用近年来广泛使用的毛细管柱分析水中的六六六和滴滴涕。

气相色谱仪型号繁多，但其基本结构及工作原理大致相同。气相色谱仪主要由气路系统（气源）、进样系统（进样器）、分离系统（色谱柱）、检测系统（检测器）和记录系统（记录器）等组成。

（1）气相色谱的流动相是气体，应在气路密封良好的条件下流动，不允许有漏气。

（2）气相色谱仪的常用检测器是热导检测器（TCD）、氢火焰离子化检测器（FID）和电子捕获检测器等，其主要性能是灵敏度及检测限，其灵敏度越高，检测限越小，检测器的性能越好。

（3）色谱柱是色谱仪的分离部分，其分离效能可用理论塔板数（n）衡量，塔板数越多，色谱柱分离效能越高。色谱柱对相邻两组分分离程度可用分离度（R）判断，R 值通常应大于 1.5；分离后的每一个色谱峰呈正态分布。

气相色谱法是利用试样中各组分在气相和固定相间的分配系数不同将混合物分离、测定的仪器分析方法，特别适用于分析含量少的气体组分和易挥发的液体组分。

色谱分析主要任务是混合组分的分离，但同时也可以用于组分的定性和定量分析。调整保留时间(t'_R)是色谱法进行定性分析最常用的定性参数。色谱法定量的依据是待测组分的质量与检测器的响应信号(峰面积或峰高)成正比。待分析样品在汽化室汽化被载气(或称流动相)带入色谱柱，柱内含有液体或固体固定相，由于样品中各组分的沸点、极性或吸附性能不同，每种组分都倾向于在流动相和固定相之间形成分配或吸附平衡，各组分被一一分离，按照一定的顺序从色谱柱后流出，进入检测器检测出被测组分的量或浓度。

归一化法是色谱法对混合物中多组分进行含量测定时常用的定量方法之一，其定量参数是峰面积或峰高。但由于检测器对同量不同组分具有不同的响应值，因此需引入一校正因子对被测组分的峰面积或峰高进行校正，校正后的峰面积或峰高才能真实地反映该组分的含量。归一化法的优点是，实验条件的变动对定量结果影响不大，但其应用的前提条件是样品中所有组分都要出峰。

内标法是色谱分析法中一种常用的、准确度较高的定量方法。该法是向一定量的样品($m_{样}$)中加入一定量的内标物(m_s)，混匀后，进行气相色谱分析，然后根据色谱图上待测组分的峰面积(A_i)和内标物的峰面积(A_s)与其对应的质量之间的关系，便可求出待测组分的含量。内标法具备归一化法的优点，即实验条件的变动对定量结果影响不大，而且避免了归一化法要求样品中所有组分必须出峰的局限，只要被测组分与内标物产生信号即可定量，尤其适用于微量杂质含量的测定。

外标法也是色谱分析法中一种常用的、准确度较高的定量方法。该法是先配制一系列标准物质溶液，色谱进样分析，绘制峰面积与含量的标准曲线，然后测定未知样品的峰面积。根据标准曲线求出未知样品的含量。

本实验采用已知对照物法定性，外标法定量，测定水中水中的六六六和滴滴涕的含量。其标准色谱图见图 29-2。

29.2 实验目的

(1) 了解气相色谱仪的基本结构；

(2) 熟悉气相色谱仪的一般使用方法；

(3) 学会使用气相色谱仪测定有机物的基本流程；

(4) 掌握用气相色谱仪测定水中六六六、滴滴涕的原理及方法。

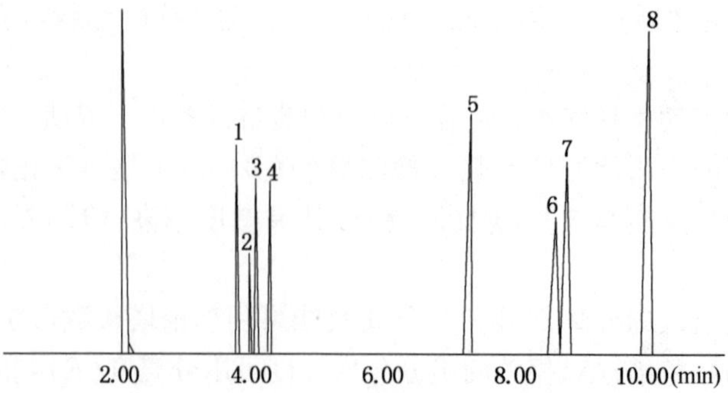

图 29-2 毛细管色谱柱分离六六六、滴滴涕标准色谱图

1—α-666；2—β-666；3—γ-666；4—δ-666；5—PP′-DDE；6—OP′-DDT；7—PP′-DDD；8—PP′-DDT

29.3　实验原理

本方法用石油醚萃取水中六六六、滴滴涕，萃取样品经 K－D 浓缩净化后采用 DB－5 毛细管色谱柱、带电子捕获检测器的气相色谱仪进行测定。

29.4　仪器与试剂

29.4.1　仪器

（1）岛津 GC2010 气相色谱仪，配有 ECD 检测器。

（2）水浴锅。

（3）K－D 蒸发浓缩器。

（4）分液漏斗：500mL。

29.4.2　试剂

（1）石油醚：沸程 30～60℃，浓缩 20 倍后色谱测定无干扰峰，如有干扰需用全玻璃蒸馏器重新蒸馏。

（2）浓硫酸。

（3）无水硫酸钠（Na_2SO_4）：300℃烘箱中烘烤 4h，放入干燥器中冷却至室温，装入玻璃瓶备用。

（4）硫酸钠（$Na_2SO_4 \cdot 10H_2O$）∶20g/L 溶液，使用前用石油醚萃取 3 次，溶液与石油醚之比为 10∶1。

（5）异辛烷（C_8H_{18}）：优级纯。

（6）苯（C_6H_6）：优级纯。

（7）色谱标准物：α－六六六、γ－六六六、β－六六六、δ－六六六、PP′－DDE、OP′－DDT、PP′－DDD、PP′－DDT，纯度为 95%～99%。

（8）标准储备溶液：称取上述每种标准物 100mg，准确至 1mg，溶于异辛烷（β－六六六先用少量苯溶解），在容量瓶中定容至 100 mL。在 4℃可储存 1 年。

（9）用沸点 30～60℃重蒸石油醚做溶剂，配成含量为 α－六六六 40ng/mL、γ－六六六 40ng/mL、β－六六六 140ng/mL、δ－六六六 40ng/mL、PP′－DDE 120ng/mL、OP′－DDT 200ng/mL、PP′－DDD 120ng/mL、PP′－DDT 320ng/mL 的使用液。

（10）氮气：纯度 99.999%，氧的含量小于 5×10^{-6}，用装 5 Å分子筛净化管净化。

29.5　实验内容

29.5.1　水样预处理

（1）水样的提取

摇匀水样，用 250mL 量筒准确量取 250mL 水样，放入 500mL 分液漏斗中。在分液漏斗中加入 25mL 石油醚，振摇分液漏斗放出气体，然后将分液漏斗置于振荡机上，振摇 5～10min。取下分液漏斗，静置 10～30min，使两相分层弃去水相，取上层石油醚供净化操作用。

（2）提取液净化

将 2～2.5mL 浓硫酸注入石油醚提取液中，开始轻轻振摇分液漏斗（注意随时放气，以防受热不匀引起爆裂），然后激烈振摇 5～10s，静置分层后弃去下层硫酸。重复上述操作数次，至硫酸层无色为止。向净化后的有机相中加入 25mL 硫酸钠水溶液洗涤有机相两次（振摇分液漏斗时注意放气），弃去水相，有机相通过铺有5～8mm厚无水硫酸钠的三角漏斗，使有机相脱水，无水硫酸钠用玻璃棉支托。有机相流入配有1mL刻度管的K－D浓缩器中。用3～5mL石油醚洗涤分液漏斗和无水硫酸钠层，洗涤液收集至K－D浓缩器中。

（3）样品的浓缩

将K－D浓缩器置于水浴锅上，水浴温度40～70℃。当体积缩小至0.5mL时取下K－D浓缩器，冷却至室温。用石油醚冲洗玻璃接口并定容至1mL，备色谱分析。

29.5.2 实验条件的设置

（1）色谱柱 DB－530m×0.25mm×0.25μm。

（2）色谱条件 初温200℃，以40℃/min升至240℃，恒温10min。

（3）汽化室230℃。

（4）检测器250℃。

（5）柱流量0.6mL/min。

（6）尾吹40mL/min。

（7）分流比50∶1。

（8）进样量2μL。

29.5.3 标样的测定

取混合样品在本实验选定的毛细管色谱柱以及上述实验条件下色谱分析，用单个标准样品定性，得出标准色谱图。仪器操作详见附录10。

测定6个不同浓度的α－六六六标样，记录峰面积，通过线性回归或绘图得标准曲线。

29.5.4 水样的测定

在标样相同色谱条件下，将处理后样品色谱分析。

29.6 数据处理

29.6.1 标准曲线的绘制

标准溶液的测定结果见表29－1。

以标样浓度为自变量、峰面积为因变量，通过线性回归或绘图得标准曲线。

表29－1 标准溶液的测定结果

标样浓度/(ng/mL)	120	220	400	600	800	1000
峰面积						

29.6.2 水样测定结果

用保留时间定性、峰面积定量，并记录相关参数。

29.7 思考题

（1）气相色谱仪由哪几个部分组成？

（2）色谱分析定量方式有几种？是如何定量的？

实验30 水中苯系物的测定

30.1 前言

苯系物通常包括苯、甲苯、乙苯、邻、间、对位的二甲苯、异丙苯、苯乙烯8种化合物。除苯是已知的致癌物以外，其他7种化合物对人体和水生生物均有不同程度的毒性。苯系物的工业污染源主要是石油化工、炼焦化工生产中排放废水。同时，苯系物作为重要溶剂及生产原料有着广泛的应用，在油漆、农药、医药，有机化工等行业的排放废水中也含有较多的苯系物。

使用带有氢焰离子化检测器(FID)的气相色谱仪测定水中苯系物含量，目前常用的方法有4种：溶剂萃取－填充柱气相色谱法、溶剂萃取－毛细管气相色谱法、顶空－填充柱气相色谱法和顶空－毛细管气相色谱法。采用程序升温进行分析测定。

顶空－气相色谱法是在恒温的密封容器中，水样中的苯系物在气、液两相间分配，达到动态平衡。此时苯系物在气相中的浓度与它在液相中的浓度成正比，通过对气相中苯系物浓度的测定，可计算出水样中苯系物的含量。顶空样品的制备受温度等条件的影响很大，因此这种方法需要专门的顶空取样装置。溶剂萃取法是用溶剂萃取水中的苯系物，取萃取液注入色谱仪进行测定。

生活饮用水标准检验方法(GB/T 5750.8—2006)中采用二硫化碳为溶剂萃取水中苯系物。二硫化碳在氢火焰上信号响应小，能和目标物较好的分离，但二硫化碳有烂萝卜味，沸点为46.3℃，毒性大、极易挥发，对人有强烈刺激作用，实验人员在使用该溶剂后，往往感到咽喉部不适，嘴唇边缘有脱脂感。本实验采用正己烷萃取、毛细管柱分离测定水中苯系物，与二硫化碳萃取相比较，具有操作快速简单、相对较安全的特点，非常适合于水中苯系物的测定。

程序升温是指色谱柱的温度按照适宜的程序连续地随时间呈线性或非线性升高。在程序升温中，采用较低的初始温度，使低沸点组分得到良好分离，然后随着温度不断升高，沸点较高的组分就逐一“推出”。由于高沸点组分能较快地流出，因而峰形尖锐，与低沸点分类似。显然在初始温度期间，高沸点组分几乎停留在柱入口，处于“初期冻结”状态，随柱温升高，它的移动速度逐渐加快，当某组分的浓度极大值流出色谱柱时的柱温，称为组分的保留温度 T_r。这是一个可用来定性的特征参数。

本实验采用已知对照物法定性。

已知对照物法是根据同一物实质在同一色谱柱上和相同的操作条件下保留值相同的原理进行定性。方法是在相同的实验条件下，分别测出已知对照物与样品的色谱图，将待鉴别组分的保留值与对照品的保留值进行比较定性；或将适量已知物加入样品中，对比加入前后的色谱图，若加入后待鉴别组分的色谱峰相对增高，则确定两者为同一物质。该法适用于鉴别范围已知的未知物。

取含有苯系物的水样时应使样品充满容器，不留空间，并加盖密封。样品应在冰箱中保存，7天内处理完毕，14天内分析完。

30.2 实验目的

(1) 熟悉气相色谱仪开机与关机的操作；

(2) 熟悉萃取法处理样品的一般程序；

(3) 掌握用气相色谱法测定苯系物的原理及方法；

(4) 掌握用已知物对照定性的原理与方法。

30.3 实验原理

采用正己烷萃取水样中的苯系物，萃取物用带有FID检测器的气相色谱仪程序升温分离，已知对照物法定性，标准曲线法定量。

30.4 仪器与试剂

30.4.1 仪器

(1) 岛津 GC2010 气相色谱仪，配有 FID 检测器。

(2) 分液漏斗：250mL。

(3) 100mL 容量瓶。

(4) 1mL、2mL、5mL 吸量管。

30.4.2 试剂

(1) 正己烷：分析纯。

(2) 苯、甲苯、乙苯、对二甲苯、间二甲苯、邻二甲苯、异丙苯、苯乙烯：均为色谱纯。

(3) 氯化钠：分析纯。

(4) 甲醇：分析纯。

(5) 1+1 盐酸溶液。

30.5 实验内容

30.5.1 水样预处理

取水样 200mL 于 250mL 分液漏斗中，加入 1+1 盐酸溶液 0.5mL 酸化，加入 10g 氯化钠，溶解后加入 5.0 mL 正己烷，振摇 100 次，静止分层。吸取上层溶剂正己烷 1.0μL 进样。同时做试剂空白，对于水源水取上清液测定。

30.5.2 实验条件的设置

(1) 色谱柱 HP -FFAP 30m×0.32mm×0.25μm;

(2) 色谱条件 初温 45℃，保持 3 min，以 5℃/min 升温至 70℃，再以 30℃/min 升至 120℃ 并恒温 1min;

(3) 汽化室 200℃;

(4) 检测器 230℃;

(5) 载气(N_2) 3.0mL/min;

(6) 氢气 30mL/min;

(7) 空气 300mL/min;

(8) 尾吹气 30mL/min;

(9) 分流比 1:3;

(10) 进样量 1.0 μL。仪器操作详见附录 10。

30.5.3 苯系物标准储备溶液(2mg/mL)的配制

准确称取苯、甲苯、乙苯、对二甲苯、间二甲苯、邻二甲苯、异丙苯、苯乙烯各 20mg，分别置于 100 mL 容量瓶中，用甲醇溶解并稀释至刻度。

30.5.4 苯系物标准使用液(20μg/mL)的配制

分别吸取苯系物标准储备溶液 1.0 mL 于 100 mL 容量瓶中，用纯水稀释至刻度。

30.5.5 标准曲线的绘制

分别取苯系物混合标准使用液 0mL、0.1mL、0.5mL、1.5mL、2.0mL、4.0mL、5.0mL 于 100mL 容量瓶中，用纯水稀释至刻度。配制成 0mg/L、0.02mg/L、0.10mg/L、0.30mg/L、

0.40mg/L、0.80mg/L、1.00mg/L 的混合标准系列。按 30.5.1 的方法萃取。取不同浓度的萃取液 1.0μL 注入色谱仪测得峰面积。以苯系物各组分质量浓度横坐标，以苯系物各组分相对应的峰面积为纵坐标，绘制各组份标准曲线。

30.5.6　实验原始记录

参见 30.6 数据处理表格内容。

30.6　数据处理

30.6.1　苯系物定性结果(表 30－1)

表 30－1　苯系物定性结果

苯系物	苯	甲苯	乙苯	对二甲苯	间二甲苯	邻二甲苯	异丙苯	苯乙烯
保留时间/min								

30.6.2　标准曲线的绘制

以标样浓度为自变量、峰面积为因变量，通过线性回归或绘图得标准曲线(表 30－2)。

表 30－2　苯系物定量结果

标样浓度/(mg/mL)	0.02	0.10	0.30	0.40	0.80	1.00
苯 甲苯 乙苯 对二甲苯 间二甲苯 邻二甲苯 异丙苯 苯乙烯						

30.6.3　水样测定结果(表 30－3)

表 30－3　水样测定结果

保留时间/min				
峰面积				
苯系物名称				

30.7　思考题

(1) 使用毛细管柱分析时，为什么要增加辅助气路装置?

(2) 利用毛细管柱分析时，为什么要采用分流方式? 分流会不会使样品组分失真?

实验 31　水中己内酰胺的测定

31.1　前　言

己内酰胺($C_6H_{11}NO$)作为尼龙 6 的中间体，近年来由于锦纶(尼龙 6) 纤维、锦纶树脂、聚酰胺、薄膜和人造革以及在工程塑料应用领域的扩大和发展，己内酰胺生产和需求量不断地增加。己内酰胺在生产和聚合过程中产生的废水一般 COD＞1000mg/L，BOD_5/COD＞0.5，易生物降解，但由于氨氮浓度较高使之难以达到污水排放标准，是精细化工中难处理的废水之一。己内酰胺具有一定的毒性，化工行业职业性接触毒物危害程度分级中，把己内酰胺定为Ⅳ级(轻度危害)，经常接触己内酰胺可致神衰综合征。此外，可引起鼻出血、鼻干、上呼吸道炎症及胃灼热感等，己内酰胺还能引起皮肤损害，接触者出现皮肤干燥、皮肤皲裂、脱屑等，可发生全身性皮炎，易经皮肤吸收。

水中己内酰胺的测定，有气相色谱法和液相色谱法。气相色谱法是将水中的己内酰胺经浓缩和二硫化碳溶解后，用带氢火焰的气相色谱仪进行测定。该方法可用于生活饮用水及其水源水中己内酰胺的测定。液相色谱法将水样经0.45μm滤膜过滤后，直接用液相色谱仪进行测定，该方法可测定废水中己内酰胺含量。

本实验采用高效液相色谱法测定水样中己内酰胺含量。

高效液相色谱法是以液体作为流动相，并采用颗粒极细的高效固定相的柱色谱分离技术。高效液相色谱对样品的适用性广，不受分析对象挥发性和热稳定性的限制，因此弥补了气相色谱法的不足。在目前已知的有机化合物中，可用气相色谱分析的约占20%，而80%则需要高效液相色谱来分析。

高效液相色谱和气相色谱在基本理论方面没有显著不同，它们之间的重大差别在于作为流动相的液体与气体之间的性质的差别。液相色谱根据固定相性质可分为吸附色谱、键合相色谱、离子交换色谱和大小排阻色谱。

在4种分离方式中，反相键合相色谱应用最广，因为它采用醇-水或腈-水体系作流动相。纯水易得廉价，它的紫外吸收极小。在纯水中添加各种物质可改变流动相选择性。使用最广的反相键合相是十八烷基键合相，即让十八烷基($C_{18}H_{37}$—)键合到硅胶表面。这种键合相又称ODS(Octa Decyl Silyl)键合相。

由于固定相的高效，柱长一般都不超过30cm。分析柱的内径通常为0.4~0.6cm，制备柱则可达2.5cm。虽然液相色谱的分离操作可以在室温下进行，但大多数高效液相色谱仪都配置恒温柱箱，用来对色谱柱恒温。为了保护分析柱，通常可在分析柱前再装一根短的前置柱。前置柱内填充物要求与分析柱完全一样。

高效液相色谱常用检测器有紫外吸收检测器、荧光检测器、示差折光检测器和电导检测器。紫外检测器分为固定波长和可调波长两类。固定波长紫外检测器采用汞灯，产生254nm或280nm谱线。可调波长检测器的光源为氘灯和钨灯，可以提供190~750nm范围内的辐射，从而可用于紫外-可见区的检测。检测器的吸收池体积一般为8~10μL，长度约8mm。紫外检测器灵敏度较高，通用性也较好。

LC-20A液相色谱仪基本配置包括LC-20AT串联双柱塞往复输液泵、CTO-20A箱、SPD-20A分光光度检测器等独立单元。通过SCL-2OA系统控制器可以统一这些控制单元的操作，也可独立对各个单元进行操作。记录系统配置色谱工作站。

仪器必须在规定的使用条件下工作。严格禁止油污和灰尘进入样品和系统以防污染。开机前准备工作包括：

(1) 选择、纯化和过滤流动相，流动相的纯度必须符合色谱要求，使用的流动相必须先通过0.45μm微孔滤膜过滤后排气，可用超声波脱气或用水冲泵或气泵减压脱气。

(2) 检查储液瓶中是否具有足够的流动相，吸液砂芯过滤器是否已可靠地插入储液瓶底部；要严格防止气泡进入系统，吸液软管必须充满流动相，吸液砂芯过滤器必须始终浸泡在溶剂内，如变换溶剂瓶，必须先停泵，再将过滤器移到新的溶剂瓶内，然后才能开泵使用。

（3）检查废液瓶是否已倒空，所有排液管道是否已妥善插在废液瓶中。

所有同流动相接触的管道、连接件、密封圈等在调换或重装前都必须按一定程序清洗，即用丙酮或苯、酒精、蒸馏水依次冲洗烘干。变换溶剂时必须注意溶剂的极性和互溶性。当变换的溶剂与原溶剂不互溶时，必须注意它们的极性，要选择一种或两种溶剂都能互溶的溶剂来冲洗管路系统，然后再用变换的溶剂冲洗管路系统，才能实现溶剂的变换。有时可能需要用两种以上的过滤溶剂才能实现溶剂变换的目的。使用腐蚀性较强的溶剂后，需用适当的有机溶剂清洗，尤其是使用酸性溶剂后更需注意，以防系统零件被腐蚀损坏。

外标法是以待测组分的纯品作对照品，以对照品和样品中待测组分的峰面积或峰高相比较进行定量分析。外标法包括工作曲线法和外标一点法，在工作曲线的截距近似为零时，可用外标一点法，常简称外标法。外标法常用于测定主成分或某个杂质的含量。

31.2　实验目的

（1）了解高效液相色谱仪的基本结构；

（2）了解高效液相色谱仪的操作使用；

（3）掌握外标法测定己内酰胺含量的实验步骤及结果计算方法。

31.3　实验原理

样品采用反相液相色谱柱 Shimpack VP－ods 进行分离，以紫外检测器进行检测，以己内酰胺标准系列溶液的色谱峰面积对其浓度做工作曲线，再根据样品中的己内酰胺峰面积，由工作曲线算出其浓度。

31.4　仪器与试剂

31.4.1　仪器

（1）高效液相色谱仪，紫外检测器。

（2）微量注射器。

（3）Shimpack VP－ods 柱：250mm×4.6mm。

（4）超声波脱气机。

（5）电子天平。

（6）50mL、100mL 容量瓶。

（7）5mL、10mL 移液管。

31.4.2　试剂

（1）乙腈：色谱纯。

（2）己内酰胺：色谱纯。

（3）乙腈＋水：11＋89。

31.5　实验内容

31.5.1　标准储备液配制

准确称取 0.5000g 己内酰胺，用水稀释至 100mL，此溶液浓度为 5mg/mL，放入冰箱保存。

31.5.2　标准中间液的配制

取己内酰胺标准储备液 10.00mL，用水稀释至 100mL，此溶液浓度为 0.5mg/mL。

31.5.3　标准溶液的配制

取浓度为 0.5mg/mL 标准中间液 5.00mL、10.00mL，分别放入 2 个 50mL 容量瓶中，稀释至刻度，此标准溶液浓度0.05mg/mL和0.10mg/mL。

取浓度为0.10mg/mL标准溶液5.00mL放入50mL容量瓶中，稀释至刻度，此标准溶液浓度为0.01mg/mL。

31.5.4　水样预处理

将待测水样0.45μm微孔滤膜过滤后，超声排气。若水样浑浊可先离心分离。

31.5.5　色谱条件的设定

(1) 色谱柱 Shimpack VP－ods柱：250mm×4.6mm。

(2) 流动相 乙腈＋水(11＋89)。

(3) 检测波长210nm。

(4) 流速1.0mL/min。

(5) 进样体积20μL。

液相色谱仪操作详见附录11。

31.5.6　标准曲线绘制与样品测定

用微量注射器分别取各个浓度标准溶液，各进样20μL，测定保留时间和峰面积。每种浓度测定3次，以己内酰胺含量对峰面积作图，绘制标准曲线。

取处理后待测水样，进样20μL。保留时间定性，以峰面积定量。

31.5.7　原始记录(表31－1)

表31－1　标样与水样测定结果

标样浓度/(mg/mL)	峰面积 A_1	峰面积 A_2	峰面积 A_3	保留时间 t_1	保留时间 t_2	保留时间 t_3
0.01						
0.5						
0.1						
水样						

31.6　数据处理

31.6.1　标准曲线的绘制

以标样浓度为自变量、峰面积为因变量，通过线性回归或绘图得标准曲线(表31－2)。

表31－2　标准曲线的绘制

标样浓度/(mg/mL)	0.01	0.5	0.1
峰面积均值			

31.6.2　水样测定结果

用保留时间定性、峰面积定量。

31.7　思考题

(1) 液相色谱仪由哪几个部分组成？

(2) 液相色谱仪与气相色谱仪有什么异同？

(3) 外标法与内标法相比有何优缺点？

实验32　水中甲醛的测定

32.1　前言

甲醛（HCHO，相对分子质量30.03）为具有刺激性臭味的无色可燃液体，易溶于水、醇和醚，其5%～40%的水溶液称“福尔马林”。甲醛的还原性很强，易与多种物质结合，且易于聚合。甲醛对人体的皮肤和黏膜具有刺激作用，进入人体后易对人的中枢神经系统及视网膜造成损害。

甲醛的主要污染来源是有机合成、化工、合成纤维、染料、木材加工及制漆等行业排放废水。含甲醛的废水排入水体后，能消耗水中溶解氧，影响水的自净能力。

水中甲醛的测定方法很多，主要有色谱法、光度法和极谱法。光度法又分为乙酰丙酮光度法和变色酸光度法等方法。色谱法又分为气相色谱法和液相色谱法。本实验采用高效液相色谱法测定水中的甲醛。

水样可用玻璃瓶或聚乙烯瓶采集。为抑制甲醛的分解，采样后于每500mL水样中加入1mL浓硫酸酸化，并应在24h内测定。

32.2　实验目的

（1）理解反相色谱的原理和应用。

（2）掌握标准曲线定量法。

32.3　实验原理

甲醛在酸性条件下与2，4－二硝基苯肼反应生成2，4－二硝基苯腙，经二氯甲烷提取，VP－ods柱分离，紫外检测器365nm检测，以保留时间定性，峰面积定量。

32.4　仪器与试剂

32.4.1　仪器

（1）LC－20AT高效液相色谱仪。

（2）恒温水浴。

（3）25mL具塞比色管。

（4）微量注射器。

（5）Shimpack VP－ods柱：250mm×4.6mm。

（6）超声波脱气机。

（7）电子天平。

（8）25mL酸式滴定管。

（9）250mL碘量瓶。

32.4.2　试剂

（1）2，4－二硝基苯肼：分析纯。

（2）甲醛：分析纯。

（3）浓盐酸：分析纯。

（4）0.05mol/L碘液。

(5) 0.05mol/L 硫代硫酸钠。

(6) 4% 氢氧化钠溶液。

(7) 淀粉指示剂。

32.5 实验内容

32.5.1 0.1%2，4－二硝基苯肼溶液配制

称取0.1200g 2，4－二硝基苯肼溶于24mL 浓盐酸中，加水定容至100mL。

32.5.2 甲醛标准贮备液的配制

吸取2.8mL 甲醛溶液(内含甲醛36% ~38%)，用水稀释至1000mL，此溶液每毫升约含甲醛1mg。

32.5.3 甲醛标准储备液的标定

吸取甲醛储备溶液20.0mL 于250mL 碘量瓶中，加入0.05mol/L 碘液50mL，4% 氢氧化钠溶液 15mL，加塞，混匀放置 15min。加 3% 硫酸 20mL，混匀。再放置 15min。以0.05mol/L硫代硫酸钠标准溶液滴定至溶液呈淡黄色时，加淀粉溶液1mL，继续滴定至蓝色刚好褪去。同时用水代替甲醛溶液，以相同步骤做空白试验(硫代硫酸钠标准溶液的配制与标定参见实验6)。

32.5.4 甲醛标准溶液的配制

用水将一定量的甲醛标准储备溶液逐级稀释，配成浓度在4.0μg/mL 的标准使用液。临用时配制。

分别取数支25mL 比色管，分别加入0.0mL、1.0mL、2.0mL、4.0mL、5.0mL 甲醛标准使用液并加水稀释至20mL。加入0.1% 2，4－二硝基苯肼1mL，混匀，在60℃水浴中衍生化反应30min，冷却后加入4.0mL 二氯甲烷，震荡2min 萃取。用微量注射器吸取下层萃取液，20μL 色谱分析。

32.5.5 水样预处理

取水样20mL，放入比色管中，加入0.1% 2，4－二硝基苯肼1mL 混匀，在60℃水浴中衍生化30min，冷却后加入4.0mL 二氯甲烷，震荡2min 萃取。用微量注射器吸取下层萃取液20μL，色谱分析。

32.5.6 色谱条件的设定

(1) 色谱柱 Shimpack VP－ods 柱：250mm ×4.6mm。

(2) 流动相 甲醇 +0.02mol/L 乙酸铵(70 +30)。

(3) 检测波长 365nm。

(4) 流速 1.0mL/min。

(5) 进样体积 20μL。

液相色谱仪操作详见附录11。

32.5.7 标准曲线绘制与样品测定

用微量注射器分别取各个浓度萃取液，各进样 20μL，测定保留时间和峰面积。每种浓度测定3 次，以甲醛含量对峰面积作图，绘制标准曲线。

取处理后待测水样，进样 20μL。保留时间定性，以峰面积定量。

32.5.8 原始记录(表 32-1)

表 32-1 标样和水样测定结果

甲醛标样体积/mL	峰面积 A_1	峰面积 A_2	保留时间 t_1	保留时间 t_2
2.0				
4.0				
8. 0				
10.0				
水样				

32.6 数据处理

32.6.1 甲醛标准储备液浓度的计算

$$甲醛(HCHO,mg/L)=\frac{(V_1-V_2)\times C\times 15\times 1000}{20.0}$$

式中 V_1——从空白消耗硫代硫酸钠溶液，mL；

V_2——标定甲醛消耗硫代硫酸钠溶液，mL；

C——硫代硫酸钠溶液物质的量浓度，mol/L；

15——1/2HCHO 摩尔质量，g/mol。

32.6.2 标准曲线的绘制

以标样浓度为自变量、峰面积为因变量，通过线性回归或绘图得标准曲线(表 32-2)。

表 32-2 标准曲线的绘制

甲醛标样体积/mL	2.0	4.0	8.0	10..0
甲醛标样浓度/(mg/mL)				
峰面积均值				

32.6.3 水样测定结果

用保留时间定性、峰面积定量。

32.7 思考题

(1) 高效液相色谱柱一般可在室温下进行分离，而气相色谱柱则必须恒温，为什么？高效液相色谱柱有时也实行恒温，这又为什么？

(2) 说明紫外吸收检测器的工作原理。

实验 33 水中石油类的测定
(设计性实验)

33.1 实验目的

(1)训练学生运用已学习过的相关知识、水分析化学基本原理以及有关实验技能，通过查阅有关的参考资料，拟定实验方案并进行实验的能力。

(2)掌握红外分光光度法测定水中石油类的原理和方法。

33.2 要求学生实验前进行的工作

33.2.1 文献查阅，回答下列问题

(1)红外分光光度法测定水中石油类的原理是什么？

(2)硅酸镁吸附柱如何制备?

(3)红外测油仪校正系数是如何测定的?

(4)红外测油仪校正系数如何检验?

(5)测定石油类的水样应该如何采集?如何保存?

(6)红外测油仪如何操作使用?

33.2.2 实验方案的制定

(1)准备采样瓶和实验所需要的仪器;

(2)了解实验需要试剂的纯度和浓度,以及配制方法、需要溶液的体积(为了顺利进行实验,配制药品时,既要保证配制溶液浓度、体积满足实验要求,又不要称量过多,以免浪费药品,污染环境);

(3)写出详细的实验步骤;

(4)明确实验注意事项;

(5)写出准备工作所涉及的参考文献。

33.3 学生实验报告要求

(1)拟定好实验方案交指导教师批阅后,方可进行实验。

(2)在实验结束后,提交实验报告。实验报告的内容除包括实验方案中的5条外,还需增加以下2条内容:

A. 实验原始数据、实验现象、实验数据处理和实验结果;

B. 对实验现象的讨论和对设计方案和实验结果的评价。

附　　录

附录1　洗液的配制与使用

附 1.1　合成洗涤剂

可用洗衣粉或洗洁精配成大约0.5%的水溶液，适合于洗涤被油脂或某些有机物玷污的器皿。此洗液也可反复使用多次。

附 1.2　铬酸洗液

称取12.5g重铬酸钾于500mL烧杯中，加25mL蒸馏水溶解，缓缓加入200mL浓硫酸。待冷却后转移至试剂瓶中。注意：只能将浓硫酸加入水中，切不可将水加入浓硫酸中。

洗液主要用于洗涤被无机物玷污的器皿，它对有机物和油污的去污能力也较强。常用来洗涤一些口小、管细等形状特殊的器皿，如吸管、容量瓶等。

使用洗液前，必须先将仪器用自来水冲洗，倾尽水，以免洗液稀释后降低洗液的效率。

用过的洗液不能随意乱倒，应倒回原瓶，以备下次再用。残留在仪器中的少量洗液，先用少量自来水洗一次，首次废水倒入废液缸中。当洗液变为绿色($K_2Cr_2O_7$中Cr^{6+}被还原成Cr^{3+}离子)表示洗液失效，必须重新配制。而失效的洗液决不能倒入下水道，只能倒入废液缸，另行处理，以免污染环境。洗液具有强酸性、强氧化性，对衣服、皮肤、桌面、橡皮等有腐蚀作用，使用时要特别小心。

附 1.3　酸性洗液

根据器皿中污物的性质，可直接使用不同浓度的硝酸、盐酸和硫酸进行洗涤或浸泡，并可适当加热。

(1) 硝酸洗液　比色皿被沾污，可用(1+1)或(1+2)的硝酸泡洗。

(2) 浓盐酸(粗)洗液　可以洗去附着在器皿上的氧化剂，如二氧化锰。大多数不溶于水的有机物也可以用它来洗。灼烧过沉淀的瓷坩埚，用1+1盐酸洗涤后再用普通洗液洗。

(3) 硝酸-氢氟酸洗液　含氢氟酸约5%、硝酸约20%~35%。由100~120mL 40%氢氟酸、150~250mL浓硝酸和650~750mL蒸馏水配制成。洗液出现混浊时，可用塑料漏斗和滤纸过滤。洗涤能力降低时，可适当补充一些氢氟酸。该洗液是洗涤玻璃器皿和石英器皿的优良洗涤剂，可以避免杂质金属离子的粘附。常温下使用，储存于塑料瓶中。洗涤效率高，清洗速度快，但对油脂及有机物的清除效率差。对皮肤有很强的腐蚀性，操作时应戴手套。若沾到皮肤上时，应立即用大量水冲洗。对玻璃和石英器皿有腐蚀作用，精密玻璃量器、标准磨口仪器、活塞、砂芯漏斗、光学玻璃、精密石英部件、比色皿等不宜用这种洗液。

附 1.4　碱性洗液

用碱性洗液洗涤适用于洗涤油脂和有机物。因它的作用较慢，一般要浸泡24h或用浸煮的方法。

(1) 氢氧化钠-高锰酸钾洗液　4g高锰酸钾溶于少量水中，加入100mL 10%氢氧化钠溶液。用此洗液洗过后，在器皿上会留下二氧化锰，可再用盐酸洗。

（2）氢氧化钠-乙醇溶液　120g 氢氧化钠溶解在 120mL 水中，再用 95% 的乙醇稀释至 1L。洗涤油脂的效力比有机溶剂高，但不能与玻璃器皿长期接触。使用碱性洗液时要特别注意，碱液有腐蚀性，不能溅到眼睛上。

附 1.5　有机溶剂洗液

用于洗涤油脂类、单体原液、聚合体等有机污物。应根据沾物性质选择适当的有机溶剂。常用的有三氯乙烯、二氯乙烯、苯、二甲苯、丙酮、乙醇、乙醚、三氯甲烷、四氯化碳、汽油、醇醚混合液等。一般先用有机溶剂洗两次，再用水冲洗，最后用浓酸或浓碱洗液洗，再用水冲洗。如洗不干净，可先用有机溶剂浸泡一定时间，然后再如上依次处理。

附 1.6　还原性洗液

用于洗涤氧化性物质。称取 10g 草酸溶于 100mL 20% 的 HCl 溶液中。该洗液通常用来洗涤使用高锰酸钾洗液后产生的二氧化锰。

除以上洗液的使用外，还可以根据污物性质对症下药。如要洗去氯化银沉淀，可用氨水；硫化物沉淀，可用盐酸和硝酸；衣服上的碘斑，可用 10% 硫代硫酸钠溶液；高锰酸钾溶液残留在器壁上的棕色污斑，可用硫酸亚铁的酸性溶液。

不论用上述哪种方法洗涤器皿，最后都必须用自来水冲洗，再用蒸馏水或去离子水荡洗 3 次。洗涤干净的器皿，放去水后，内壁只应留下均匀一薄层水，如壁上挂着水珠，说明没有洗干净，必须重洗。

以上介绍的是分析实验室常用的洗液，使用时要根据实际情况选择合适的洗液。

附录 2　电子天平使用与称量基本操作

附 2.1　LA 电子天平的使用

（1）开机操作

将电源线插头插到 220V 交流电源上，打开天平开关，按开机键 ω，天平显示全亮并扫描 CH1 ~ CH9，稳定后显示 0.0000g。天平开机后应有 30min 的预热时间。

（2）天平校准操作

清除天平秤盘上的被称物品，按去皮键 T，天平显示 0.0000g。按校准键 C，天平显示“C”和“g”，若显示“CE”，重按 T 键，待显示 0.0000g 后再重按 C 键。把 100g 校准砝码放在秤盘上，待天平显示 CC，并发出“嘟”声，即表示校准完毕。除去砝码，按 T 键，天平显示 0.0000g（一定要等“嘟”声后，才能除去砝码，按 T 键，否则将出现键盘锁定现象，要按 ω 键恢复）。

（3）去皮操作

当要把秤盘上被称物体的质量显示清零，只要按 T 键即可。天平显示 0.0000g，此时除去被称物体，则显示负值，表示除去物体的质量值。

（4）天平读数

当天平 ± 号下面的稳定性符号“o”出现时表示天平还未稳定，只有当“o”消失时表示示值已稳定可以进行读数。

附 2.2　称量的基本操作

减量法用于称量一定质量范围的样品或试剂。称取试样的质量是由两次称量之差求得。先称出称量瓶加试样后的准确质量。然后将称量瓶取出(操作方法见附图 2－1)，在接受器的上方，倾斜瓶身，用称量瓶盖轻敲瓶口上部使试样慢慢落入容器中(见附图 2－2)。当倾出的试样接近所需量(可从体积上估计或试重得知)时，一边继续用瓶盖轻敲瓶口，一边逐渐将瓶身竖直，使黏附在瓶口上的试样落下，然后，盖好瓶盖，把称量瓶放回天平称量盘，准确称取其质量。两次质量之差，即为试样的质量。按上述方法连续递减，可称取多份试样。有时一次很难得到合乎质量范围要求的试样，可多进行两次相同的操作讨程。

附图 2－1　称量瓶的拿法图

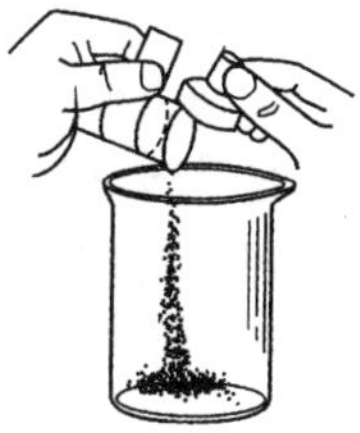

附图 2－2　从称量瓶中敲出试样的操作

附录 3　滴定分析基本操作

滴定分析是将一种已知准确浓度的标准溶液加到被测试样的溶液中，直到化学反应完全为止，然后根据标准溶液的浓度和体积求得被测试样中组分含量的一种定量分析方法。滴定管是滴定时用来准确测量流出的操作溶液体积的量器，有 50mL、25mL、10mL、5mL、2mL 和 1mL 等几种规格，常量分析所用的是容积为 50mL 的滴定管。其最小刻度是 0.1mL，最小刻度间可估计到 0.01mL，因此读数可达小数点后第二位，一般读数误差为 ±0.02mL。滴定管有酸式(具塞)和碱式(无塞)之分，酸式滴定管用来装酸性及氧化性溶液，但不适于装碱性溶液，因为碱性溶液能腐蚀玻璃，时间长一些，旋塞便不能转动。碱式滴定管用来装碱性及无氧化性的溶液，凡是能与橡皮起反应的溶液如高锰酸钾、碘和硝酸银等溶液，都不能装入碱式滴定管。

将溶液装入酸管或碱管之前，应将试剂瓶中的溶液摇匀，使凝结在瓶内壁上的水珠混入溶液，在天气比较热或室温变化较大时，此项操作更为必要。混匀后的操作溶液应直接倒入滴定管中，不得用其他容器(如烧杯、漏斗等)来转移。先将操作液润洗滴定管内壁 3 次，每次 10～15mL。最后将操作液直接倒入滴定管，直至充满至零刻度以上为止。滴定管充满操作液后，应检查管的出口下部尖嘴部分是否充满溶液，是否留有气泡。

为了排除碱管中的气泡，可将碱管垂直地夹在滴定管架上，左手拇指和食指捏住玻璃珠部位，使医用胶管向上弯曲翘起，并捏挤医用胶管，使溶液从管口喷出，即可排除气泡。如附图 3－1 所示。酸管的气泡，一般容易看出，当有气泡时，右手拿滴定管上部无刻度处，并使滴定管倾斜 30°，左手迅速打开活塞，使溶液冲出管口，反复数次，一般即可达到排除酸管出口处气泡的目的。由于目前酸管制作有时不合规格要求，因此，有时按上法仍无法排除酸管出口处的气泡。这时可在出口尖嘴上接上一根约 10cm 的医用胶管，然后，按碱管排气的方法进行。

使用酸管时，左手握滴定管，其无名指和小指向手心弯曲，轻轻地贴着出口部分，用其余3指控制旋塞的转动，如附图3－2所示。但应注意，不要向外用力，以免推出旋塞造成漏水，应使旋塞稍有一点向手心的回力。当然，也不要过分往里用太大的回力，以免造成旋塞转动困难。

使用碱管时，仍以左手握管，其拇指在前，食指在后，其他3个指辅助夹住出口管。用拇指和食指捏住玻璃珠所在部位，向右边挤医用胶管，使玻璃珠移至手心一侧，这样，溶液即可从玻璃珠旁边的空隙流出，如附图3－3所示。必须指出，不要用力捏玻璃珠，也不要使玻璃珠上下移动，不要捏玻璃珠下部胶管，以免空气进入而形成气泡，影响读数。

滴定操作一般在锥形瓶中进行，在锥形瓶中进行滴定时，用右手的拇指、食指和中指拿住锥形瓶，其余两指辅助在下侧，使瓶底离滴定台高约2～3 cm，并调节其高度使滴定管的下端伸入瓶口约1cm，左手转动活塞（对于酸式滴定管）或挤捏玻璃球旁的乳胶管（对于碱式滴定管），使标准溶液按适当的速度滴加到被滴定的溶液中，且边滴边摇动溶液，直到滴定达终点。其两手操作姿势如附图3－4所示。

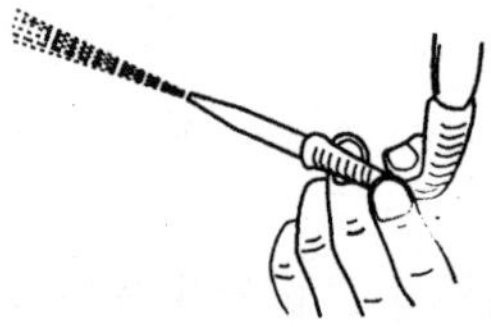

附图3－1 碱式滴定管排气泡的方法

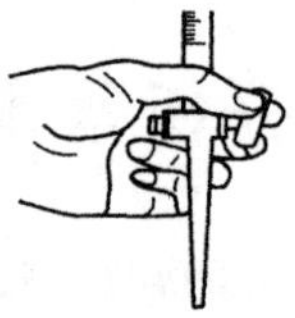

附图3－2 酸式滴定管的操作

附图3－3 碱式滴定管的操作

附图3－4 双手操作姿势

进行滴定时，应注意如下几点：

每次滴定都应从0.00mL或接近于0的任一刻开始，这样可以减少滴定误差。

滴定时，左手不能离开活塞而任溶液自流。

摇瓶时，应使溶液向同一方向做圆周运动（左、右旋转均可），不能前后振动，以免溶液溅出，也不能使瓶口碰到管口上。

滴定时，要观察液滴落点周围颜色的变化，并根据颜色的变化速度调节滴定速度，一般来说，开始时滴定速度可以稍快，呈“见滴成线”，即每秒3～4滴左右，而不要滴成“水线”，这样滴定速度太快。接近终点时，应改为一滴一滴加入，即加一滴摇几下，再加，再摇，最后是半滴半滴地加入。用酸管时，可轻轻转动旋塞，使溶液悬挂在出口管嘴上，形成半滴，用锥瓶内壁将其沾落，再用洗瓶吹洗。对碱管，加半滴溶液时，应先松开拇指与食指，将悬挂的半滴溶液沾在锥瓶内壁上，再放开无名指和小指，这样可避免出口管尖出现气泡。滴入半滴溶液时，也可采用倾斜锥瓶的方法，将附于壁上的溶液涮至瓶中。这样可避免吹洗次数太多，造成被滴物过度稀释。

滴定管读数前，应注意管出口嘴尖上有无挂着水珠。若在滴定后挂有水珠读数，这时是无法读准确的。

一般读数应遵守下列原则：

读数时应将滴定管从滴定管架上取下，用右手大拇指和食指捏住滴定管上部无刻度处，其他手指从旁辅助，使滴定管保持垂直，然后再读数。滴定管夹在滴定管架上读数的方法，一般不宜采用，因为它很难确保滴定管的垂直和准确读数。

由于水的附着力和内聚力的作用，滴定管内的液面呈弯月形，无色和浅色溶液的弯月面比较清晰，读数时，应读弯月面下缘实线的最低点，为此，读数时，视线应与弯月面下缘实线的最低点相切，即视线应与弯月面下缘实线的最低点在同一水平面上。如附图 3－5 所示。对于有色溶液（如 $KMnO_4$，I_2等），其弯月面是不够清晰的，读数时，视线应与液面两侧的最高点相切，这样才较易读准。

为便于读数准确，在管装满或放出溶液后，必须等 1～2min，使附着在内壁的溶液流下来后，再读数。如果放出液的速度较慢（如接近计量点时就是如此），那么可只等 0.50～1min 后即可读数。记住，每次读数前，都要看一下，管壁有没有挂水珠，管的出口尖嘴处有无悬液滴，管嘴有无气泡。

读取的值必须读至毫升小数点后第二位，即要求估计到 0.01mL。正确掌握估计 0.01mL 读数的方法很重要。滴定管上两个小刻度之间为 0.1mL，是如此之小，要估计其 1/10 的值，对一个分析工作者来说是要进行严格训练的。为此，可以这样来估计：当液面在此二小刻度之间时，即为 0.05 mL；若液面在两小刻度的 1/3 处，即为 0.03 mL 或 0.07 mL；当液面在两小刻度的 1/5 时，即为 0.02 mL 或 0.08 mL 等等。

对于蓝带滴定管，读数方法与上述相同。当蓝带滴定管盛溶液后将有似两个弯月面的上下两个尖端相交，此上下两尖端相交点的位置，即为蓝带管的读数的正确位置。

为便于读数，可采用读数卡，它有利于初学者练习读数。读数卡是用贴有黑纸或涂有黑色长方形（约 3 cm×1.5 cm）的白纸版制成。读数时，将读数卡放在滴定管背后，使黑色部分在弯月面下约 1mL 处，此时即可看到弯月面的反射层全部成为黑色，如附图 3－6 所示。然后，读此黑色弯月面下缘的最低点。然而，对有色溶液须读其两侧最高点时，须用白色卡片作为背景。

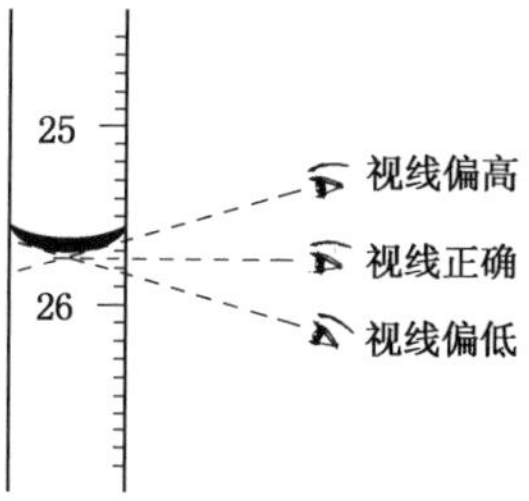

附图 3－5　读数视线的位置

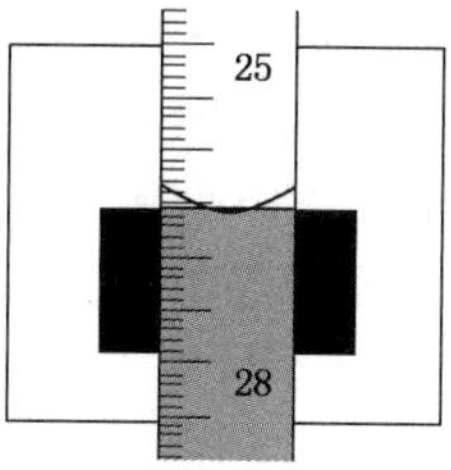

附图 3－6　读数卡

附录 4　沉淀的过滤与转移

沉淀所需的试剂溶液，其浓度准确至 1% 就足够了。固体试剂一般只需用台秤称取，溶液用量筒量取。试剂如果可以一次加到溶液里去，则应沿着烧杯壁倒入或是沿着搅棒加入，注意勿使溶液溅出。通常进行沉淀操作时是用滴管将沉淀剂逐滴加入试液中，边加边搅拌，以免沉淀剂局部过浓。搅拌时不要使搅棒敲打和刻划杯壁。若需在热溶液中进行沉淀，最好用水浴加热，勿使溶液沸腾，以免溶液溅出。进行沉淀所用的烧杯需配备搅拌棒和表面皿。

采用滤纸过滤时，因根据沉淀的性质和多少选择滤纸的类型和大小，如对 $BaSO_4$、CaC_2O_4等微粒晶形沉淀，应选用较小而紧密的滤纸；对 $Fe_2O_3 \cdot nH_2O$ 等蓬松的胶状沉淀，则需选用较大而疏松的滤纸。

滤纸的折叠和安放：用洁净的手将滤纸按附图 4－1 所示，先对折，再对折成圆锥体（每次折时均不能手压中心，使中心有清晰折痕，否则中心可能会有小孔而发生穿漏，折时应用手指由近中心处向外两方压折），放入漏斗中，使滤纸与漏斗密合。如果滤纸与漏斗不十分密合，则稍稍改变滤纸的折叠角度，直到与漏斗密合为止。此时把 3 层厚滤纸的外层折角撕下一点，这样可以使该处内层滤纸更好地贴在漏斗上。撕下来的纸角保存在干燥的表皿上，供以后擦烧杯用。注意漏斗边缘要比滤纸上边高出约 0.5～1cm。

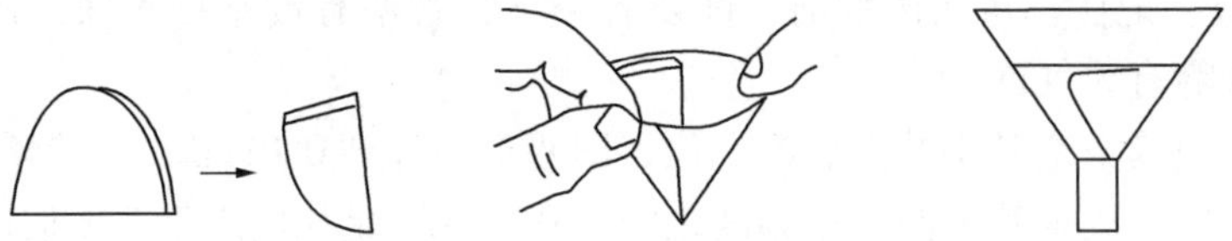

附图 4－1　滤纸的折叠法

滤纸放入漏斗后，用手按住滤纸 3 层的一边，由洗瓶吹出细水流以湿润滤纸，然后轻压滤纸边缘使滤纸锥体上部与漏斗之间没有空隙。按好后，在其中加水达到滤纸边缘，这时漏斗颈内应全部被水充满，形成水柱。若颈内不能形成水柱（主要是因为颈径太大），可以用手指堵住漏斗下口，稍稍掀起滤纸的一边，用洗瓶向滤纸和漏斗之间的空隙里加水，直到漏斗颈及锥体的一部分全被水充满，但必须把颈内的气泡完全排除。然后把纸边按紧，再放开手指，此时水柱即可形成。如果水柱仍不能保留，则滤纸与漏斗之间不密合。如果水柱虽然形成，但是其中有气泡，则纸边可能有微小空隙，可以再将纸边按紧。水柱准备好后，用纯水洗 1～2 次。

将准备好的漏斗放在漏斗架上，漏斗位置的高低，以漏斗颈末端不接触滤液为度。漏斗必须放置端正，否则滤纸一边较高，在洗涤沉淀时，这部分较高的地方就不能经常被洗涤液浸没，从而滞留下一部分杂质。

过滤时，放在漏斗下面用以承接滤液的烧杯应该是洁净的（即使滤液不要），因为万一滤纸破裂或沉淀漏进滤液里，滤液还可重新过滤。过滤时溶液最多加到滤纸边缘下 5～6mm 的地方，如果液面过高，沉淀会因毛细作用而越过滤纸边缘。过滤时漏斗的颈应贴着烧杯内壁，使滤液沿杯壁流下，不致溅出。过滤过程中应经常注意勿使滤液淹没或触及漏斗末端。

过滤一般采用倾注法（或称倾泻法），即待沉淀下沉到烧杯底部后，把上层清液先倒至漏斗上，尽可能不搅起沉淀。然后，将洗涤液加在带有沉淀的烧杯中，搅起沉淀以进行洗涤，待沉淀下沉，再倒出上层清液。这样，一方面可避免沉淀堵塞滤纸，从而加速过滤，另一方面可使沉淀洗涤得更充分。具体操作（见附图 4－2）如下：待沉淀下沉，一手拿搅棒，垂直地持于滤纸的 3 层部分上方（防止过滤时液流冲破滤纸），搅棒下端尽可能接近滤纸，但勿接触滤纸，另一手将盛着沉淀的烧杯拿起，使杯嘴贴着搅棒，慢慢将烧杯倾斜，尽量不搅起沉淀，将上层清液慢慢沿搅棒倒入漏斗中。停止倾注溶液时，将烧杯沿搅棒往上提，并逐渐扶正烧杯，保持搅棒位置不动。倾注完成后，将搅棒放回烧杯。用洗瓶将 20～30mL 洗涤液沿杯壁吹至沉淀上，搅动沉淀，充分洗涤，待沉淀下沉后，再倾出上层清液。如此反复洗涤、过滤多次。洗涤的次数，视沉淀的性质而定，一般晶形沉淀洗 2 ~3 次，胶状沉淀需洗 5 ~6 次。

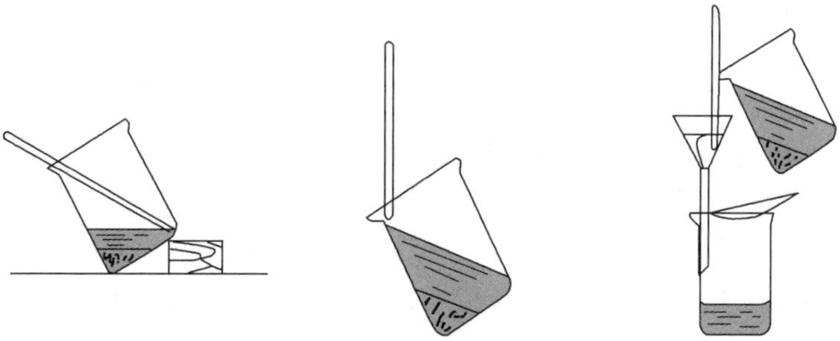

附图 4 –2　倾泻法过滤

为了把沉淀转移到滤纸上，先于盛有沉淀的烧杯中加入少量洗涤液(加入洗涤液的量，应该是滤纸上一次能容纳的)并搅动，然后立即按上述方法将悬浮液转移到滤纸上(此时大部分沉淀可从烧杯中移出。这一步最易引起沉淀的损失，必须严格遵守操作中有关规定)。再自洗瓶中挤出洗涤液，把烧杯壁和搅棒上的沉淀冲下，再次搅起沉淀，按上述方法把沉淀转移到滤纸上。这样重复几次，一般可以将沉淀全部转移到漏斗中滤纸上。如果仍有少量沉淀很难转移，则可按附图 4 –3 所示的方法，把烧杯倾斜着拿在漏斗上方，烧杯嘴向着漏斗，用食指将搅棒架在烧杯口上，搅棒下端向着滤纸的 3 层部分，用洗瓶挤出的溶液，冲洗烧杯内壁，以刷出沉淀，转移到滤纸上。如还有少量沉淀黏着在烧杯壁上，则可用淀帚将其刷下，或用前面撕下的一小块洁净无灰滤纸将其擦下，放在漏斗内，搅棒上黏着的沉淀，亦应用前面撕下的滤纸角将它擦净，与沉淀合并。然后仔细检查烧杯内壁、搅棒、表皿是否彻底洗净，若有沉淀痕迹，要再行擦拭、转移，直到沉淀完全转移为止。

附图 4 –3　沉淀的转移

沉淀全部转移到滤纸上后，需在滤纸上洗涤沉淀，以除去沉淀表面吸附的杂质和残留的母液。洗涤的方法是自洗瓶中先挤出洗涤液，使其充满洗瓶的导出管，然后挤出洗涤液浇在滤纸的 3 层部分离边缘稍下的地方，再盘旋地自上而下洗涤，并借此将沉淀集中到滤纸圆锥体的下部(附图 4 –4)，切勿使洗涤液突然冲在沉淀上。为了提高洗涤效率，每次使用少量洗涤液，洗后尽量沥干，然后再在漏斗上加洗涤液进行下一次洗涤，如此洗涤几次。沉淀洗涤至最后，用干净试管接取约 1 mL 滤液(注意不要使漏斗下端触及下面的滤液)，选择灵敏而又迅速显示结果的定性反应来检验洗涤是否完成。

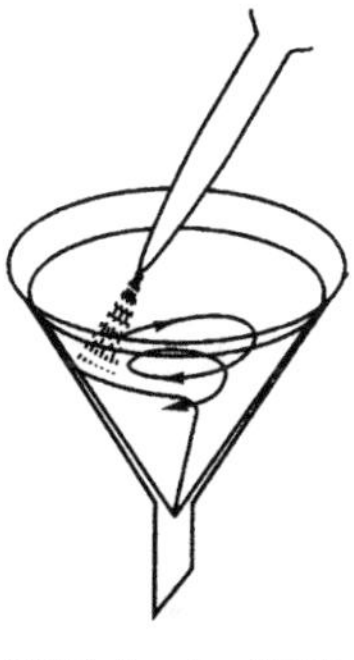

附图 4 –4　沉淀的洗涤

过滤与洗涤沉淀的操作，必须不间断地一次完成，时间过久沉淀就会干涸，黏成一团，这样就几乎无法洗净。盛沉淀或滤液的烧杯，都应该用表皿盖好。每次过滤液体后，亦应将漏斗盖好，以防尘埃落入。

附录5 PHB－9901测试仪的使用

附5.1 pH仪的校正

(1)接通电源后，按POWER键开机，稍等片刻至LCD显示正常。按MODE键可选择pH非锁定和pH锁定测量模式。按MODE键使LCD显示在pH非自锁模式。

(2)按UP和DOWN键调节所需的温度。

(3)将电极用蒸馏水清洗干净，并用滤纸吸干水分，将电极插入标准缓冲溶液pH6.86中，轻轻搅拌几下，等显示数字稳定。

(4)按CALIB键，LCD出现STAND指示，还有手形标记和6.86pH，手形标记开始闪烁，这时表示仪器正在进行零点校正。

(5)大约15s后，STAND、手形标记和6.86pH会消失，LCD会立即出现SLOPE指示，4.00pH并闪烁，此时零点已校正完，并进入斜率校正。

(6)将电极从pH6.86溶液中取出，清洗干净，吸干水分，插入标准缓冲溶液pH4.00(或pH9.18)中，轻轻搅拌几下，等待斜率校正，手形标记出现并闪烁。

(7)大约15s后，SLOPE指示和手形标记会消失，此时仪器进入测量状态。

附5.2 pH测量

附5.2.1 AUTO－LOCK pH测量模式(确定安上pH电极)

(1)按POWER键，打开电源。

(2)按UP和DOWN键调节所需的测定温度。

(3)按MODE键，选择AUTO－LOCK pH测量模式。

如需校正请参考校正程序。

(4)有LOCK符号按MEASURE键，仪器开始测量，屏幕会出现手形符号闪烁，待测量稳定后，手形符号消失，LOCK符号出现，表示测量完成。

附5.2.2 pH测量模式(确定安上pH电极)

(1)按POWER键，打开电源。

(2)按UP和DOWN键调节所需的测定温度。

(3)按MODE键，选择pH测量模式，屏幕无AUTO－符号。

如需校正请参考校正程序。

仪器随时处在测量状态。

附录6 PHB－9901离子计的使用

(1)接通电源后，按POWER键开机，稍等片刻至LCD显示正常。按MODE键使LCD显示在mV非自锁模式(确定安上氟离子选择电极)。

(2)按UP和DOWN键调节所需的温度。

(3)将电极用蒸馏水清洗干净，并用滤纸吸干水分，将电极依次插入标准溶液中，打开磁力搅拌器、使搅拌子轻轻搅拌，按MEASURE键，仪器开始测量，等显示数字稳定。记录mV值。

（4）将电极用蒸馏水清洗干净，并用滤纸吸干水分，将电极插入待测水样中，打开磁力搅拌器、使搅拌子轻轻搅拌，按 MEASURE 键，仪器开始测量，等显示数字稳定。记录 mV 值。

附录 7　721 分光光度计的使用

（1）在未接通电源之前，应该对于仪器的安全性进行检查，电源线接线应牢固，接地要良好，各个调节旋钮的起始位置应该正确，电表的指针必须位于"0"刻线上，若不是这种情况，则可以用电表上的校正螺丝进行调节。然后再接通电源开关。

（2）将仪器的电源开关接通，打开比色皿暗箱盖，选择需用的单色波长和灵敏度。灵敏度选择参照(3)。调节"0"电位器使用电表指"0"，然后将比色皿暗箱盖合上，比色皿座处于蒸馏水校正位置，使光电管受光，旋转调"100%"电位器使电表指针到满度附近，仪器预热约 20min。

（3）灵敏度有 5 挡，是逐步增加的，"1"最低，其选择原则是保证能使空白挡良好调到"100"的情况下，尽可能采用灵敏度较低挡，这样仪器将有更高的稳定性。所以使用时一般置"小灵敏度"，不够时再逐渐升高，但改变灵敏度后须按重新校正"0"和"100"。

（4）预热后，按(2)连续几次调整"0"和"100"，仪器即可以进行测定工作。

（5）如果大幅度改变测试波长时，在调整"0"和"100%"后稍等片刻，(钨灯在急剧改变亮度后需要一段热平衡时间)，当指针‘稳定后重新调整"0"和"100%"即可工作。

附录 8　752N 紫外可见分光光度计的使用

（1）仪器在安装使用前应对仪器的安全性进行检查，电源电压是否正常，地线是否牢固可靠，在得到确认后方可接通电源使用。仪器使用前需开机预热 30min。

（2）本仪器键盘共有 4 个键，分别为：

A/て/C/F。

SD。

▽/0%。

△/100%。

（3）A/て/C/F 键：每按此键来切换 *A*、て、*C*、*F* 之间的值。

A——吸光度(Absorbance)；

て——透射比(Trans)；

C——浓度(Conc.)；

F——斜率(Factor)。

F 值通过按键输入(后面介绍如何设置)。

（4）SD 键：该键具有 2 个功能：

a. 用于 RS23 2 串行口和计算机传输数据(单向传输数据，仪器发向计算机)。

b. 当处于 *F* 状态时，具有确认的功能，即确认当前的 *F* 值，并自动转到 C，计算当前的 *C* 值($C=F\times A$)。

（5）▽/0%键：该键具有2个功能：

① 调零：只有在t状态时有效，打开样品室盖，按键后应显示000.0。

② 下降键：只有在F状态时有效，按本键*F*值会自动减1，如果按住本键不放，自动减1会快速度，如果*F*值为0后，再按键它会自动变为1999，再按键开始自动减1。

（6）△/100%键：该键具有2个功能：

① 只有在A、T状态时有效，关闭样品室盖，按键后应显示0.000、100.0。

② 上升键：只有在F状态时有效，按本键*F*值会自动加1，如果按住本键不放，自动加1会加快速度，如果*F*值为1999后，再按键它会自动变为0，再按键会自动加1。

例如：设置斜率为1500。

方法一：

① 按A/て/C/F键切换到F状态。

② 如果当前*F*值为1000,则按△/100%键,直到*F*值为1500。

③ 再按SD键，表示当前的*F*值为1500，然后自动回到C状态，假如所测的*A*值为0.234，则此时显示*C*值为0351。

方法二：

① 按A/て/C/F键切换到F状态。

② 如果当前*F*值为1000,则按△/100%键,直到*F*值为1500。再按A/て/C/F键切换到。

③ 状态，假如所测的*A*值为0.234，则此时显示*C*值为0351。

附录9　novAA300火焰原子吸收光谱仪的使用

附9.1　开机

（1）开气。空压机0.5MPa，乙炔0.1～0.15MPa。

（2）开AAS主机、计算机。待仪器自检完毕后，双击AAS图标，进入应用软件菜单界面。

（3）安装空心阴极灯。

（4）将光标移动到相应位置，点击空心阴极灯所对应的元素，OK确认。

（5）点击“load”命令，进入初始化过程。

（6）点击“spectrometer”，选择光学参数、能量/增益、积分参数、扫描参数。

（7）点击“flame”进入火焰和气体控制界面，点火。

（8）点击“calibration”进入标准校正模式。

（9）标准曲线绘制和样品测量。

（10）测试结果打印。

附9.2　关机

（1）“flame”菜单中点击“extinguish”熄灭火焰；

（2）退出AAS操作系统，关闭AAS主机电源；

（3）关闭乙炔气，空压机电源；

（4）关闭计算机电源。

附录 10　GC2010 气相色谱仪的使用

附 10.1　开机

(1) 先开载气、辅助气，再开主机电源、计算机工作站电源。

(2) 待仪器自检完毕后，双击色谱工作站图标，进入应用软件菜单界面。

(3) 对进样口、色谱柱、检测器的温度进行设定，待仪器各项指标达到设定要求。

(4) 用设定处理参数进行样品分析。

(5) 根据图谱调整分析条件，再分析样品，直至得到理想谱图。

(6) 确定定量方法(内标、外标、面积归一等)。

(7) 选择校正点数，编辑 ID 表(输入组分的保留时间和标样浓度)。

(8) 选择校正次数(每浓度取几次均值)。

(9) 按从低浓度到高浓度的顺序，分析完所有标本，即完成曲线制作。

(10) 进行未知样分析，每次分析结束，自动计算定量结果。

附 10.2　关机

(1) 设定进样口、色谱柱、检测器温度在低温条件，待系统降温。

(2) 关电源，关闭载气。

附录 11　LC－20A 液相色谱仪的使用

附 11.1　开机

(1) 先开主机，再开检测器、泵和计算机工作站电源。

(2) 待仪器自检完毕后，双击色谱工作站图标，进入应用软件菜单界面。

(3) 调节泵工作流速为 2mL/min。

(4) 对色谱条件(波长、柱温、流速等)进行设定，待仪器各项指标达到设定要求。

(5) 打入 25mL 流动相清洗进样器、导管并排气。

(6) 用设定处理参数进行样品分析。

(7) 根据图谱调整分析条件，再分析样品，直至得到理想谱图。

(8) 确定定量方法(内标、外标、面积归一等)。

(9) 绘制标准曲线并保存分析方法。

(10) 进行未知样分析，每次分析结束，自动计算定量结果。

附 11.2　关机

(1) 点击 Instrument off。

(2) 按照工作站、泵、检测器、主机的顺序关闭电源。

附录 12　气体钢瓶使用注意事项

附 12.1　钢瓶内装气体的分类

(1) 压缩气体　临界温度低于－10℃的气体，经加高压压缩，仍处于气态者称压缩气体，如氧、氮、氢、空气、氩、氦等。这类气体钢瓶若设计压力大于或等于12MPa称高压气瓶。

（2）液化气体　临界温度不小于10℃的气体，经加高压压缩，转为液态并与其蒸气处于平衡状态者称为液化气体。临界温度在－10℃至70℃者称高压液化气体，如二氧化碳、氧化亚氮。临界温度高于70℃，且在60℃时饱和蒸气压大于0.1MPa者称低压液化气体，如氨、氯、硫化氢等。

（3）溶解气体　单纯加高压压缩，可产生分解、爆炸等危险性的气体，必须在加高压的同时，将其溶解于适当溶剂，并由多孔性固体物充盛。在15℃以下压力达0.2MPa以上，称为溶解气体(或称气体溶液)，如乙炔。

从气体的性质分类可分为剧毒气体，如氟、氯等；易燃气体，如氢、一氧化碳等；助燃气体，如氧、氧化亚氮等；不燃气体，如氮、二氧化碳等。

附12.2　气瓶的存放及安全使用

（1）钢瓶应存放在阴凉、干燥、远离阳光、暖气、炉火等热源的地方。离明火要在10m以上，室温不要超过35℃，并有必要的通风设备。最好放在室外，用导管通入。使用中的钢瓶要直立固定放置。

（2）搬动钢瓶时要稳拿轻放，防止摔掷、敲击、滚滑或剧烈震动。搬动前要戴上钢瓶安全帽，以防不慎摔断瓶嘴发生事故。钢瓶必须具有两个橡胶防震圈。乙炔瓶严禁横卧滚动。放置使用时，必须固定好，防止倒下击爆。开启安全帽和阀门时，不能用锤或凿敲打，要用扳手慢慢开启。

（3）使用时要用减压阀(二氧化碳和氨气钢瓶可例外)，要检查钢瓶气门的螺丝扣是否完好。一般可燃气体的钢瓶气门螺纹是反扣的(如氢气、乙烯等)，腐蚀性气体(如氯气等)一般不用减压阀。高压气瓶的减压器要专用，各种减压阀不能混用。安装时螺扣要上紧(应旋进7圈螺纹，俗称吃七牙)，不得漏气。开启高压气瓶时操作者应站在气瓶出口的侧面，动作要慢，以减少气流摩擦，防止产生静电。

（4）氧气钢瓶的气门、减压阀严禁沾染油脂。

（5）易起聚合反应的气体钢瓶，如乙烯、乙炔等，应在贮存期限内使用。

（6）钢瓶附件各连接处都要使用合适的衬垫防漏，如铝垫、薄金属片、石棉垫等均可，不能用棉、麻等织物，以防燃烧。检查接头或管道是否漏气时，对于可燃气体可用肥皂水涂于被检查处进行观察，但氧气和氢气不可用此法。检查钢瓶气门是否漏气，可用气球扎紧于气门上进行观察。

（7）钢瓶中气体不可用尽，一般应保持0.2～1MPa的余压，乙炔气瓶要保留$1.961\times10^5\sim2.922\times10^5$Pa表压以上，以便于判断瓶中何种气体，检查附件的严密性，也可防止大气的倒灌。

（8）氧气钢瓶和可燃性气体钢瓶不要存放在一起，氢气钢瓶和氯气钢瓶也不要存放在一起。

（9）钢瓶每隔三年进厂检验一次，重涂规定颜色的油漆。装腐蚀性气体的钢瓶，每隔二年检验一次，不合格的钢瓶要及时报废或降级使用。

附录 13　学生实验守则

(1) 实验前应认真预习，熟悉相关内容，明确实验目的、内容及步骤，对设计性实验要预先拟订实验方案，接受指导教师的提问和检查，不迟到、早退。未经预习或无故迟到者，指导教师有权停止其实验。

(2) 进入实验室要遵守实验室各项规章制度，保持环境卫生，不吸烟，不随地吐痰，不乱抛纸屑杂物，不高声喧哗，不随便窜走。

(3) 实验中要遵守所使用设备的操作规程，未经指导教师允许，不准搬弄或动用与本实验无关的仪器设备。要注意节约用水、用电和易耗品，爱护器材。

(4) 进实验室后按规定分组进行实验，准备就绪后，必须经指导教师同意，方可进行正式实验，实验过程中如对设备有疑问，应及时向指导教师提出，不得自行拆卸。

(5) 实验时要注意安全，严格遵守实验室安全制度。实验中如出现事故(包括人身、设备、水电等)，应立即向指导教师报告，并停机检查原因，保护现场。

(6) 做实验时必须严格要求，实事求是，严格遵守操作规程，服从教师指导，认真观察、记录实验现象，如实记录实验数据，实验结果(数据)必须交指导教师审阅、通过。

(7) 实验完毕，应整理清点好仪器、设备、工具、量具及附件，盖好仪器罩，切断水、电源，搞好清洁卫生，保持室内整洁，经指导教师同意后，方可离开实验室。

(8) 按规定时间和要求，认真分析、整理和处理实验结果，撰写实验报告，不得抄袭或臆造，按时交教师批阅。

(9) 实验不合格者必须重做，但须向实验室预约，并安排在课外或自习时间进行。实验报告不合格者，必须重写。

(10) 进行综合性、设计性实验的学生，在进入实验室前必须做好有关准备工作，认真阅读与实验相关的文献资料，理解实验原理，熟悉仪器性能；凡设计性实验，应预先拟定设计方案，经指导教师认可后，方可进行实验。

(11) 对不遵守本守则的学生，指导教师和实验技术人员视情节给予批评教育，直至责令停止其实验。

附录 14　学生用玻璃仪器清单

序　号	名　称	规　格	数　量
1	容量瓶	100mL	3
		250mL	1
		500mL	1
2	烧杯	100mL	2
		250mL	1
		500mL	1
		1000mL	1
3	锥形瓶	250mL	3

续表

序　号	名　称	规　格	数　量
4	量筒	50mL 100mL	1 1
5	移液管	5mL 10mL 25mL	1 1 1
6	吸量管	1mL 2mL 5mL	1 1 1
7	玻璃棒	15cm 20cm	1 1
8	滴管	15cm 20cm	1 1
9	碘量瓶	250mL	2
10	洗瓶		1
11	吸耳球		1
12	比色管架	50mL	1
13	比色管	50mL	6
14	移液管架		1
15	酸式/碱式滴定管	25mL	各 1 支
16	COD 回流装置	250mL 磨口锥形瓶 + 冷凝管	1

参 考 文 献

[1] 张世贤,王兆英．水分析化学[M]．北京:中国建筑工业出版社,1987

[2] 黄君礼．水分析化学[M]．第二版．北京:中国建筑工业出版社,1997

[3] 陈焕光,李焕然等．分析化学实验[M](第二版)．中山大学出版社,1991

[4] 武汉大学主编．分析化学实验[M](第四版)．北京:高等教育出版社,2001

[5] 成都科学技术大学,浙江大学分析化学教研组．分析化学实验[M]．第二版．北京:高等教育出版社,1989

[6] 佘振宝,姜桂兰主编．分析化学实验[M]．北京:化学工业出版社,2006

[7] 侯振雨主编．无机及分析化学实验[M]．北京:化学工业出版社,2004

[8] 濮文虹,刘光虹,喻俊芳．水质分析化学[M]．第二版．武汉:华中科技大学出版社,2004

[9] 四川大学化工学院,浙江大学化学系．分析化学实验[M]．第三版．北京:高等教育出版社,2002

[10] 华中师范大学,东北师范大学,陕西师范大学,北京师范大学．分析化学实验[M]．北京:高等教育出版社,2000。

[11] 杨梅,梁信源,黄富嵘编．分析化学实验[M]．上海:华东理工大学出版社,2005

[12] 蔡明照主编．分析化学实验[M]．北京:化学工业出版社,2005

[13] 孙毓庆主编,严拯宇,范国荣,赵怀清副主编．分析化学实验[M]．北京:科学出版社,2006

[14] 吴忠标主编,吴祖成,沈学优,官宝红副主编．环境监测[M]．北京:化学工业出版社,2003

[15] 孙福生,张丽君等编．环境监测实验[M]．北京:化学工业出版社,2007

[16] 国家环保局《水与废水监测分析方法》编委会．水和废水监测分析方法[M]．北京:中国环境科学出版社,1989

[17] 聂麦茜主编．环境监测与分析实践教程[M]．北京:化学工业出版社,2003

[18] 奚旦立,孙裕生,刘秀英编．环境监测[M]．第三版．北京:高等教育出版社,2004

[19] 中国环境监测总站、《环境水质监测质量保证手册》编．环境水质监测质量保证手册[M]．第二版．北京:化学工业出版社,1994

[20] 张剑荣,戚苓,方惠群编．仪器分析实验[M]．北京:科学出版社,1999